21世纪高等学校计算机规划教材

21st Century University Planned Textbooks of Computer Science

Visual FoxPro
程序设计实验教程

Experiment of Visual FoxPro Programming

主　编　孙　瑜

副主编　崔　杰　范继红

编　委　（按姓氏笔画排序）

　　　　宁小美　孙　瑜　李清江

　　　　吴　明　范继红　赵春兰

　　　　修雅慧　崔　杰

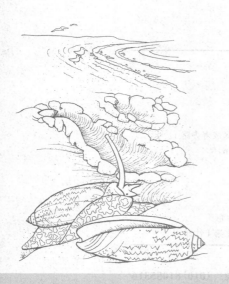

U0345341

高校系列

人民邮电出版社

北京

图书在版编目（CIP）数据

Visual FoxPro 程序设计实验教程 / 孙瑜主编. --
北京：人民邮电出版社，2016.2
21世纪高等学校计算机规划教材. 高校系列
ISBN 978-7-115-41377-2

Ⅰ．①V… Ⅱ．①孙… Ⅲ．①关系数据库系统—程序
设计—高等学校—教材 Ⅳ．①TP311.138

中国版本图书馆CIP数据核字(2016)第017198号

内 容 提 要

　　本书是《Visual FoxPro 程序设计》一书的配套上机指导教材。书中充分考虑大学生应具备的数据库基础能力的实际需要，精心设计每个实验环节和操作步骤，把每一章的教学内容分解为一个个要求明确、操作性强的上机实验题，通过这些操作可以使学生顺利而又轻松地掌握所学内容，给教师的教学和学生的学习都带来极大的方便。

　　本书内容主要包括：Visual FoxPro 中的数据与运算、Visual FoxPro 数据库及其操作、SQL 语言查询操作、SQL 语言定义和修改操作、查询与视图、结构化程序设计、过程与过程调用、综合程序设计、表单设计、菜单设计和报表设计。

　　本书条理清晰、目的明确、过程详尽、叙述简洁、可用性强，既可作为 Visual FoxPro 6.0 数据库系统的实验指导教材，也可作为学生自主学习的实验指导书。

◆ 主　　编　孙　瑜

　　副主编　崔　杰　范继红

　　责任编辑　许金霞

　　责任印制　沈　蓉　彭志环

◆ 人民邮电出版社出版发行　　北京市丰台区成寿寺路 11 号
　　邮编　100164　　电子邮件　315@ptpress.com.cn
　　网址　http://www.ptpress.com.cn
　　三河市潮河印业有限公司印刷

◆ 开本：787×1092　1/16
　　印张：7　　　　　　　　　2016 年 2 月第 1 版
　　字数：183 千字　　　　　　2016 年 2 月河北第 1 次印刷

定价：21.00 元
读者服务热线：(010)81055256　印装质量热线：(010)81055316
反盗版热线：(010)81055315

前　言

　　随着计算机技术的快速发展，计算机的主要应用领域已从早期的科学计算逐步转变为数据处理，这就迫切需要计算机用户掌握数据管理技术，以提高计算机的应用水平。本书是与《Visual FoxPro 程序设计》一书配套的实验教材。共分 13 个实验，主要包括：Visual FoxPro 中的数据与运算、Visual FoxPro 数据库及其操作、SQL 语言查询操作、SQL 语言定义和修改操作、查询与视图、结构化程序设计、过程与过程调用、综合程序设计、表单设计、菜单设计和报表设计。

　　本书是集系统性、操作性和实践性于一体的 Visual FoxPro 数据库系统的实验指导教材。它将深度与广度相结合，照顾了不同专业不同层次学生的需要。为了提高学生的计算机实际操作能力和操作技能，每个实验都有详细的操作步骤和对应的技巧解析，这样便于学生独立完成实验内容。

　　本书由孙瑜任主编，崔杰、范继红任副主编。实验 1 由李清江编写，实验 2 由吴明编写，实验 3、实验 4 由崔杰编写，实验 5 由赵春兰编写，实验 6 ~ 实验 9 由范继红编写，实验 10、实验 11 由孙瑜编写，实验 12 由修雅慧编写，实验 13 由宁小美编写。本书全部编者都来自于齐齐哈尔医学院。在本书编写过程中，许多老师和同学提出了宝贵意见，在此一并表示深深的感谢。

编　者

2015 年 12 月

目　录

实验 1
Visual FoxPro 中的数据与运算

一、实验目的

1. 熟悉 Visual FoxPro 6.0 主窗口。
2. 掌握内存变量的赋值和显示方法。
3. 熟悉数组的定义和赋值。
4. 掌握表达式的计算方法。
5. 掌握常用函数的使用方法。

二、实验内容

实验 1.1　启动 Visual FoxPro 6.0

单击"开始"菜单，选择"程序" | "Microsoft Visual FoxPro 6.0" | "Microsoft Visual FoxPro 6.0"命令。

问题 1：如何关闭和显现命令窗口？

实验 1.2　内存变量

1. 赋值与显示内存变量

在命令窗口输入下列命令。

```
STORE 15 TO a1,a2              &&将数值 15 赋值给 2 个内存变量
xm="李强"                       &&将字符型数据赋值给内存变量 xm
rq={^2015-06-05}              &&将日期型数据值赋值给内存变量 rq
团员否=.F.                       &&将逻辑型数据值赋值给内存变量团员否
a2=a1+1                        &&a1 加 1 后再赋值给 a2
?a1,a2                         &&换行显示 a1,a2 的值
?xm                            &&换行显示 xm
??rq,团员否                     &&不换行显示 rq 和团员否的值
LIST MEMO LIKE a?              &&显示以 a 开头的内存变量信息
```

显示结果参见图 1-1。

问题 2：在初次赋值之后，哪些内存变量的值又发生了变化？

2. 清除内存变量

在命令窗口输入下列命令。

```
CLEAR                    &&清屏幕
```

```
RELEASE  ALL  LIKE  a*              &&清除以 a 开头的所有内存变量
DISPLAY  MEMO  LIKE  *              &&显示全部内存变量
```

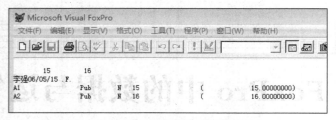

图 1-1   内存变量的赋值、显示操作结果

显示结果参见图 1-2。

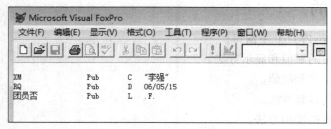

图 1-2   内存变量的清除操作结果

3. 数组

在命令窗口输入下列命令。

```
CLEAR.                             &&清屏幕
RELEASE  ALL                       &&清除全部内存变量
DIME a(3)                          &&定义数组
a(1)=10                            &&给数组元素 a(1)赋值
a(2)=20                            &&给数组元素 a(2)赋值
LIST  MEMO  LIKE  a*               &&显示 a 开头的所有内存变量
```

显示结果参见图 1-3。

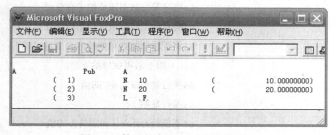

图 1-3   数组的定义、赋值操作结果

问题 3：如果执行 a（3）=a（2），请问 a（2）、a（3）的值分别是多少？可以定义三维数组吗？

4. 表达式

（1）算术运算表达式

```
?65-(2+8)*4^2/5                    &&结果为：33.00
```

问题 4：求 6+（5×3）2÷4 的值，请写出表达式和计算结果。

（2）字符运算表达式

```
?"更快　"+"更高"+"更强"
?"更快　"-"更高"+"更强"
```

显示结果参见图 1-4。

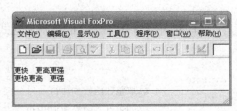

图 1-4　字符运算操作结果

问题 5：如果 a="123"、b="xyz"、c="天地人"，则 a+b+c 和 a-b-c 的结果各是什么？

（3）日期运算表达式

```
?{^2015-06-05}+10
?{^2015-06-05}-{^2014-06-05}
?{^2015/06/05 8:10}+120
```

显示结果参见图 1-5。

图 1-5　日期运算操作结果

问题 6：从北京奥运会开幕到今天已经过去多少天？

（4）关系运算表达式

```
?"a">"b","马">"羊"              &&字母、汉字比较
?6#7,"a"<>"b"                   &&不等号的应用
?{^2015/01/01}>{^2015/01/02}   &&两个日期比较
?"abc"$"ab","ab"$"abc"         &&包含运算
?"abc"="ab","abc"=="ab"        &&单等号与双等号比较
```

显示结果参见图 1-6。

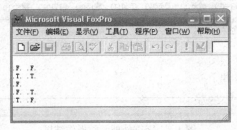

图 1-6　关系运算操作结果

技巧解析：同类型数据才能比较大小。

问题 7："大"与"abcd"谁大？

（5）逻辑运算表达式

```
?3>6.or.5<7.and.not.T.            &&结果为：.F.
```

技巧解析：各类运算符优先级从高到低顺序是：圆括号()→算术运算→字符和日期运算→关系运算→逻辑运算。

问题 8：写出"张三"大于等于"李四"并且 3 不等于 2 的逻辑表达式和计算值。

5. 常用函数

（1）数值运算函数

```
?INT(7.8)                         &&取整数函数 INT()
?ROUND(45.345,2)                  &&四舍五入函数 ROUND()
?MOD(10,3)                        &&求余数函数
?MAX(15,8,27),MIN(15,8,27)        &&求最大、最小值函数 MAX()、MIN()
?SIN(PI()/4)                      &&正弦函数 SIN()和圆周率函数 PI()
```

显示结果参见图 1-7。

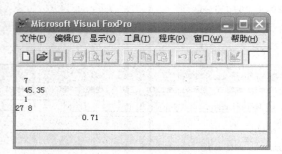

图 1-7　数值运算函数操作结果

问题 9：求 INT（8.8）和 INT（8.1）的值。

（2）字符处理函数

```
?LEN("abc"),LEN("中国")             &&求字符串长度函数 LEN()
?RIGHT("abc",2)                     &&取右子串函数 RIGHT()
?SUBSTR("china",2,3)                &&取子串函数 SUBSTR()
?"天"+SPACE(2)+"地"                  &&空格函数 SPACE()
?AT("cd","abcdef"),AT("cf"," abcdef") &&求字串位置函数 AT()
```

显示结果参见图 1-8。

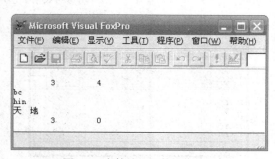

图 1-8　字符处理函数操作结果

问题 10：请写出从"dgtadastabcdagdt"字符串中截取"abc"的命令。

（3）日期时间函数

```
?DATE()                          &&系统日期函数 DATE()
?YEAR({^2015/01/05})             &&求年份函数 YEAR()
```

问题 11：通过你本人的出生日期计算你现在的年龄，请写出相应命令。

（4）转换函数

```
?DTOC({^2015/06/05})             &&日期型转换成字符型函数 DTOC()
?DTOC({^2015/06/05},1)           &&日期型转换成字符型函数 DTOC()
?STR(10.456,5,2)                 &&数值型转换成字符型函数 STR()
?VAL("10.456")+2                 &&字符型转换成数值型函数 VAL()
```

显示结果参见图 1-9。

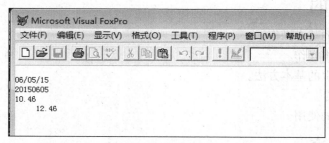

图 1-9　转换函数操作结果

问题 12：如果 rq={^2015/06/05}，则如何将变量 rq 转换成字符串"2015 年 6 月 5 日"？请写出相应命令。

（5）测试函数

```
API=120
?IIF(API>100,"空气有污染","空气质量较好")
```

问题 13：X=90，IIF（X>100，X-50，X+50）的值是多少？

6. 提高性实验

根据下列问题，写出相应命令及命令运行的结果。

（1）计算 $\dfrac{x^3-y^2}{xy-\sqrt{x+y}}$ 的值，设 x=7.8，y=15.3。

（2）今天距今年的圣诞节还有多少天？

三、思考题

1. 为什么要使用内存变量？清除内存变量的意义是什么？
2. Visual FoxPro 6.0 有几大类常用函数？
3. 使用表达式的目的是什么？

实验 2
Visual FoxPro 数据库及其操作

一、实验目的

1. 掌握数据库的基本操作。
2. 掌握表的基本操作。
3. 掌握建立索引的基本方法。
4. 熟悉排序命令。
5. 熟悉工作区的使用。

二、实验内容

实验 2.1 "学生"数据库的基本操作

1. 建立一个名为"学生"的数据库。

2. 将"学生"、"选课"、"课程"三个自由表添加到新建的"学生"数据库中。

3. 通过"学号"字段为"学生"表和"选课"表建立永久联系，通过"课程号"字段为"课程"表和"选课"表建立永久联系。

4. 为上面建立的联系设置参照完整性约束：更新和删除规则为"级联"，插入规则为"限制"。

【操作步骤】

1. 选择"文件"菜单，单击"新建"命令，在弹出的新建对话框中选择"数据库"，单击"新建文件"命令按钮，如图2-1 所示，弹出"创建"对话框，单击"保存在（I）"下拉按钮，选择"D:"盘，在"数据库名:"文本框中输入"学生"，单击"保存"按钮，如图 2-2 所示。

2. 选择"数据库"菜单，单击"添加表"命令，选择"学生"表，单击"确定"按钮，如图 2-3 所示。用同样的方法，将"选课"表和"课程"表也添加到"学生"数据库中，如图2-4 所示。

图 2-1　新建对话框

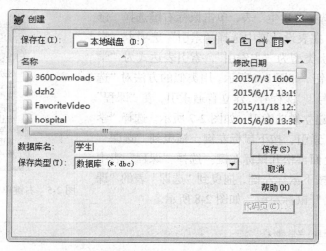

图 2-2 "创建"对话框

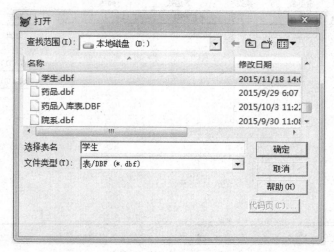

图 2-3 "打开"对话框

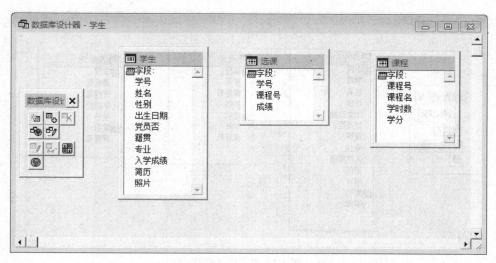

图 2-4 "学生"数据库

3. 在数据库中选择"学生"表，单击鼠标右键选择"修改"如图 2-5 所示，在表设计器中选择"索引"选项卡，索引名为"学号"，索引类型为"主索引"，索引表达式为"学号"，单击"确定"按钮，如图 2-6 所示。用类似的方法对"选课"表，分别按"学号""课程号"建立普通索引，在"课程"表中，按"课程号"建立候选索引，如图 2-7 所示。选择"学生"表中的"学号"索引，按下鼠标左键，拖曳到"选课"表的"学号"索引上面再松开鼠标左键。选择"课程"表中的"课程号"索引，按下鼠标左键，拖曳到"选课"表的"课程号"索引上面再松开鼠标左键，如图 2-8 所示。

图 2-5 右键单击"学生"表选"修改"

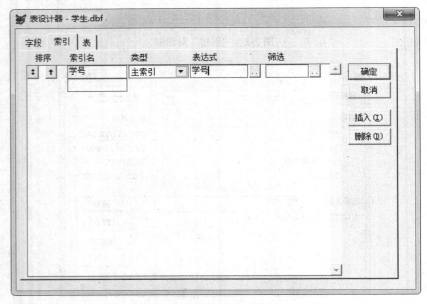

图 2-6 "索引"选项卡

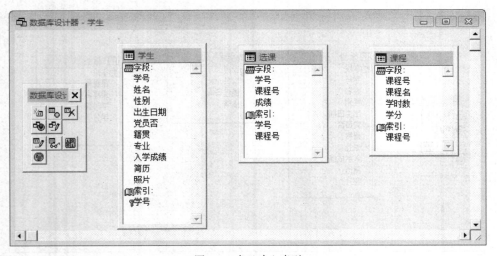

图 2-7 表已建立索引

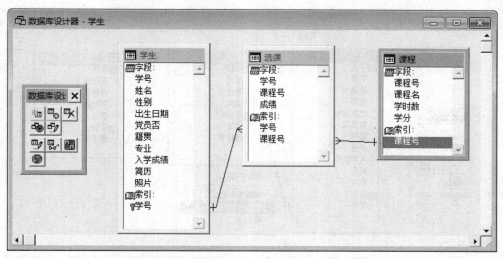

图 2-8　建立表间联系

4. 选择"数据库"菜单的"清理数据库"命令，如图 2-9 所示，在永久联系连线上单击鼠标右键，选择"编辑参照完整性"，如图 2-10 所示，在"课程"与"选课"行"更新""删除"选择"级联"，"插入"选择"限制"，"学生"与"选课"行做同样的设置，如图 2-11 所示。

【拓展与思考】

1. 新建数据库 newdb.dbc，还能将"学生"表添加到 newdb.dbc 中吗？要想添加，应如何处理？

2. 建立数据库文件后将同时产生几个文件，每个文件包含的主要内容是什么？能直接看到文件内的具体内容吗？

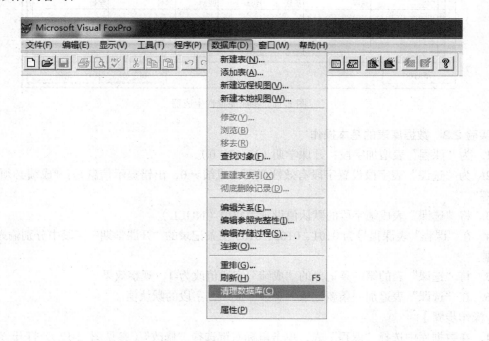

图 2-9　数据库菜单

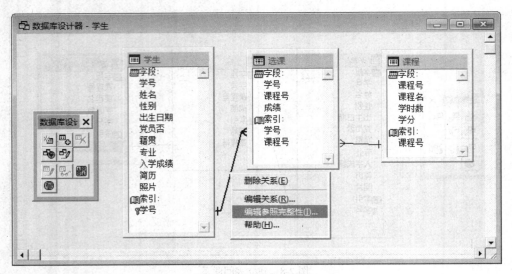

图 2-10　右击关系连线

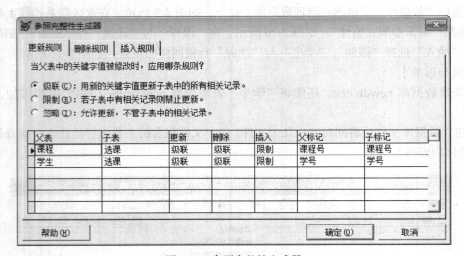

图 2-11　参照完整性生成器

实验 2.2　数据库表的基本操作

1. 为"课程"表增加字段：开课学期（N，2，0）。

2. 为"选课"表字段设置字段有效性规则：成绩>=0，出错提示信息是："成绩必须大于或等于零"。

3. 将"选课"表成绩字段的默认值设置为空值（NULL）。

4. 在"课程"表课程号为 0101、0102、0103 三条记录的"开课学期"字段中分别输入 1、2、3 数据。

5. 将"选课"表的第一条记录的"成绩"字段值改为-1，观察效果。

6. 在"选课"表追加一条新记录，观察"成绩"字段的默认值。

【操作步骤】

1. 在数据库中选择"课程"表，单击鼠标右键选择"修改"（参见图 2-12），打开"课程"表设计器，将光标移到最后，输入字段名"开课学期"，字段类型"数值型"，宽度"2"，单击"确定"按钮,如图 2-13 所示。

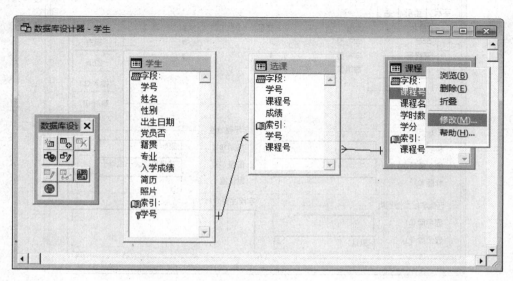

图 2-12　选择"修改"

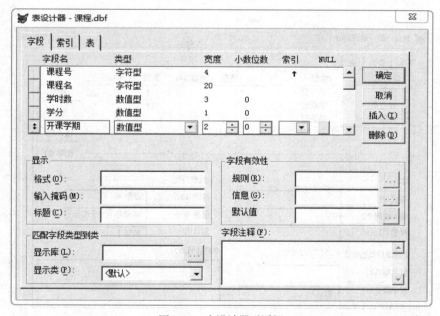

图 2-13　表设计器对话框

2.　在数据库中选择"选课"表,单击鼠标右键选择"修改",打开"选课"表设计器,选中"成绩"字段,在"字段有效性"中的"规则"文本框中填入"成绩>=0",在"信息"文本框中填入"成绩必须大于或等于零",单击"确定"按钮,如图 2-14 所示。

3.　在数据库中选择"选课"表,单击鼠标右键选择"修改",打开"选课"表设计器,选中"成绩"字段,把字段后面为 NULL 的对勾打上,然后在"字段有效性"中的默认值中填入.NULL.,单击"确定"按钮,如图 2-15 所示。

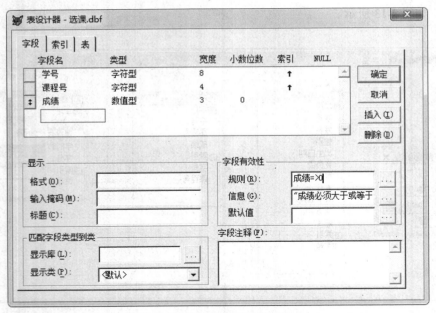

图 2-14　输入字段有效性规则

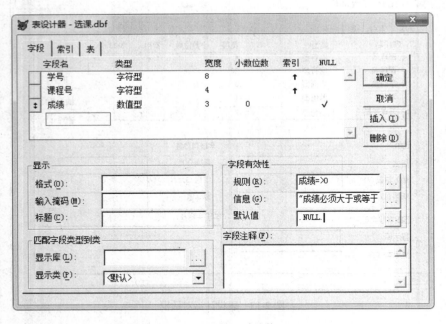

图 2-15　输入默认值

4. 在数据库中双击"课程"表，对应记录的"开课学期"字段分别输入 1、2、3，如图 2-16 所示。

5. 在数据库中双击"选课"表，在第一条记录的"成绩"字段输入-1，如图 2-17 所示。

6. 在数据库中双击"选课"表，选择"显示"菜单，单击"追加方式"命令，拖动滚动条，观察被追加记录的"成绩"字段值，如图 2-18 所示。

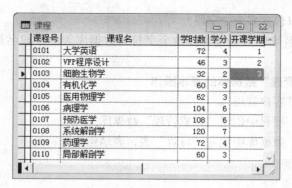

图 2-16 输入记录值

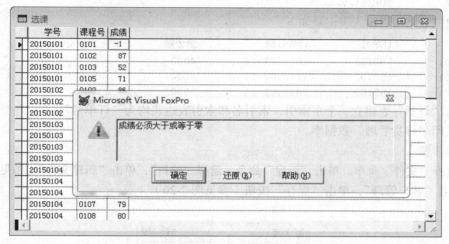

图 2-17 输入-1 值

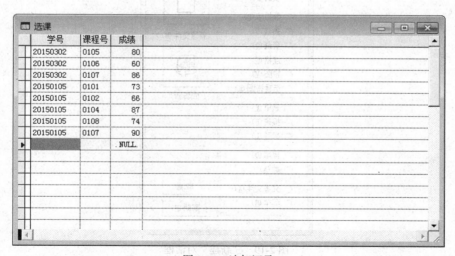

图 2-18 追加记录

【拓展与思考】

1. 数据库表的表设计器与自由表的表设计器有何区别？

2. 一张表最多可以包含多少个字段？

3. 自由表的字段名可以最多包含多少个字符？数据库表的字段名最多又可以包含多少个字符？

实验 2.3 "订货管理"数据库的基本操作

1. 创建一个项目"客户管理"。

2. 在"客户管理"项目中创建"订货管理"数据库。

3. 在"订货管理"数据库中建立"订货"表，表结构如下：

客户号	字符型(6)
订单号	字符型(6)
订货日期	日期型
总金额	数值型(15,2)

4. 建完表结构后输入表记录如下：

客户号	订单号	订货日期	总金额
HL0101	150101	2015.01.12	4000
LN0101	150102	2015.02.10	5000
HB0101	150103	2015.02.15	3000

5. 为"订货"表建立一个主索引，索引名和索引表达式均为"订单号"。

6. 关闭"订货管理"数据库。

【操作步骤】

1. 选择"文件"菜单，单击"新建"命令，选择"项目"，单击"新建文件"（参见图 2-19），输入文件名"客户管理"，单击"保存"按钮（参见图 2-20）。

图 2-19 "新建"对话框

2. 在项目管理器的"数据"选项卡选择"数据库"，单击"新建"按钮，再单击"新建数据库"按钮，如图 2-21 所示，输入文件名"订货管理"，单击"保存"按钮，如图 2-22 所示。

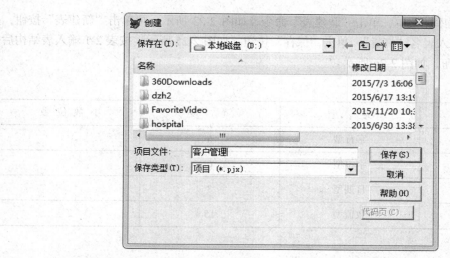

图 2-20　"创建"对话框

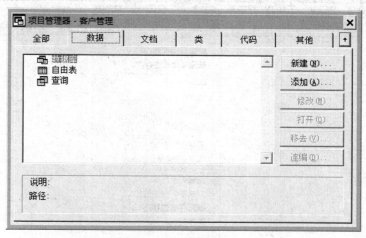

图 2-21　创建数据库

图 2-22　新建数据库

3. 选择"数据库"菜单，单击"新建表"命令，如图 2-23 所示，再单击"新建表"按钮，如图 2-24 所示，输入表名"订货"，单击"保存"按钮，如图 2-25 所示，按表 2-1 输入表结构后再单击"确定"按钮，如图 2-26 所示。

表 2-1

字　段　名	类　　型	宽　　度	小　数　位　数
客户号	字符型	6	
订单号	字符型	6	
订货日期	日期型	8	
总金额	数值型	15	2

图 2-23　创建表

图 2-24　新建表

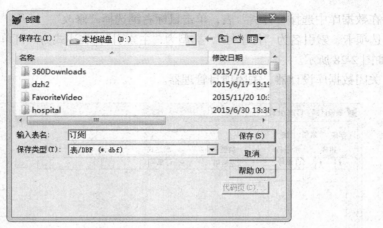

图 2-25   创建对话框

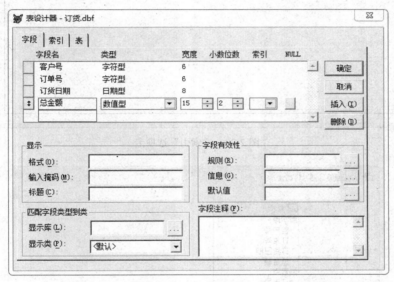

图 2-26   表设计器对话框

4. 在建完表结构后，当询问"现在输入数据记录吗？"，单击"是"按钮并输入对应的数据记录，如图 2-27 所示。

图 2-27   输入表记录

5. 在数据库中选择"订货"表，单击鼠标右键选择"修改"，打开"订货"表设计器，选择"索引"选项卡，索引名为"订单号"，类型为"主索引"，表达式为"订单号"，然后单击"确定"按钮，如图 2-28 所示。

6. 关闭数据库设计器，关闭项目管理器。

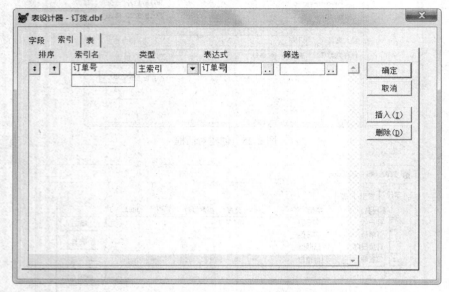

图 2-28　"索引"选项卡

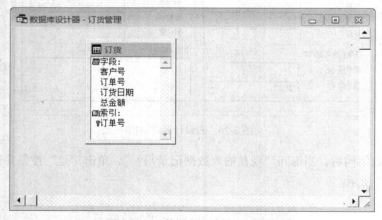

图 2-29　"数据库设计器"对话框

【拓展与思考】

1. 建表时字符型字段和数值型字段的最大宽度分别是多少？

2. 数据库表可以建立几种类型的索引？在自由表中能建立主索引吗？

实验 2.4　设置"订货管理"数据库参照完整性

1. 打开"订货管理"数据库。

2. 将"订单"和"客户"表添加到"订货管理"数据库。

3. 为"订单"表按"订单号"建立普通索引，索引名和索引表达式都是"订单号"。

4. 为"客户"表按"客户号"建立候选索引，索引名和索引表达式都是"客户号"。

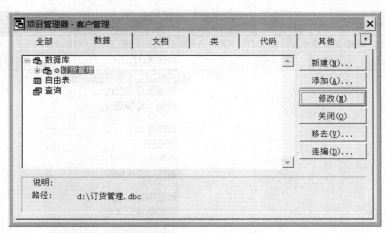

图 2-30　"项目管理器"对话框

5. 为"订货"表按"客户号"建立普通索引，索引名和索引表达式都是"客户号"。

6. 建立 "订货""订单"和"客户"表间的永久联系。

7. 设置"订货""订单"表的参照完整性，"更新规则"为"限制"，"删除规则"为"级联"，"插入规则"为"限制"。

8. 设置"客户""订货"表的参照完整性，"更新规则"为"级联"，"删除规则"为"级联"，"插入规则"为"限制"。

9. 删除"订货"与"订单"联系。

10. 将"订单"表移出"订货管理"数据库。

11. 关闭"订货管理"数据库。

【操作步骤】

1. 选择"文件"菜单，单击"打开"命令，文件类型选择"数据库"，选择"订货管理.dbc"，单击"确定"按钮，如图 2-31 所示。

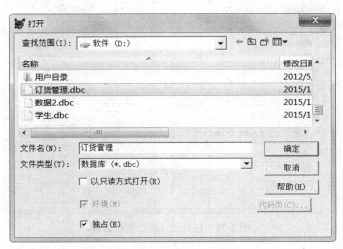

图 2-31　"打开"对话框

2. 选择"数据库"菜单，单击"添加表"命令，如图 2-32 所示，选择"订单"表，单击"确定"按钮，如图 2-33 所示。如此方法再添加"客户"表，如图 2-34 所示。

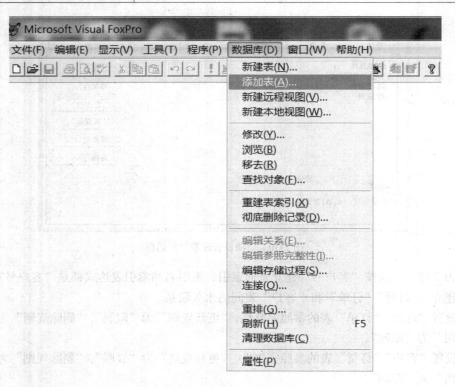

图 2-32　"添加表"命令

3. 在数据库中选择"订单"表，单击鼠标右键选择"修改"，打开"订单"表设计器，选择"索引"选项卡，索引名为"订单号"，类型为"普通索引"，表达式为"订单号"，然后单击"确定"按钮，如图 2-35 所示。

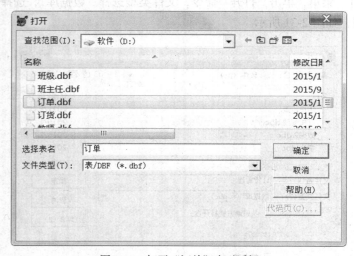

图 2-33　打开"订单"表对话框

4. 在数据库中选择"客户"表，单击鼠标右键选择"修改"，打开"客户"表设计器，选择"索引"选项卡，索引名为"客户号"，类型为"候选索引"，表达式为"客户号"，然后单击"确定"按钮，如图 2-36 所示。

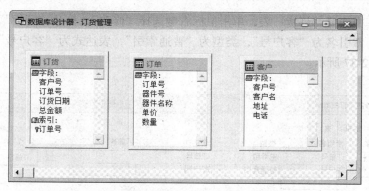

图 2-34 "数据库设计器"对话框

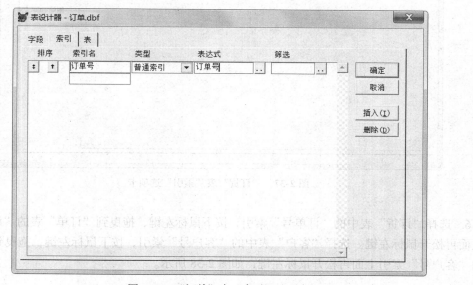

图 2-35 "订单"表"索引"选项卡

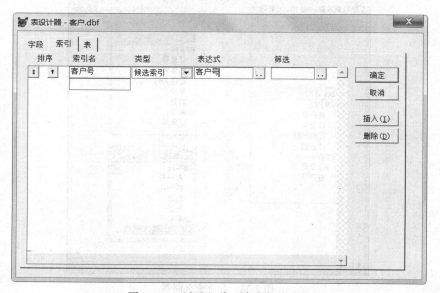

图 2-36 "客户"表"索引"选项卡

5. 在数据库中选择"订货"表，单击鼠标右键选择"修改"，打开"订货"表设计器，选择"索引"选项卡，索引名为"客户号"，类型为"普通索引"，表达式为"客户号"，然后单击"确定"按钮，如图 2-37 所示。

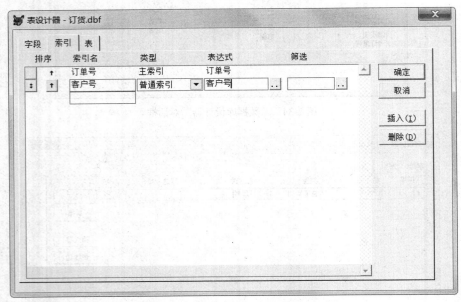

图 2-37   "订货"表"索引"选项卡

6. 选择"订货"表中的"订单号"索引，按下鼠标左键，拖曳到"订单"表的"订单号"索引上面再松开鼠标左键。选择"客户"表中的"客户号"索引，按下鼠标左键，拖曳到"订货"表的"客户号"索引上面再松开鼠标左键，如图 2-38 所示。

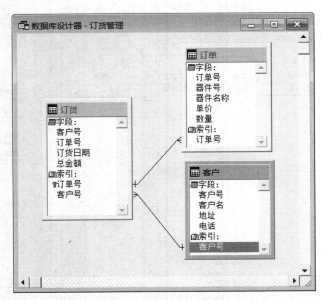

图 2-38   建立永久联系

7. 选择"数据库"菜单的"清理数据库"命令，如图 2-39 所示，右击"订货"与"订单"联系连线，选择"编辑参照完整性"命令，如图 2-40 所示，选择"订货"与"订单"行，设置"更新规则"为"限制"，"删除规则"为"级联"，"插入规则"为"限制"，如图 2-41 所示。

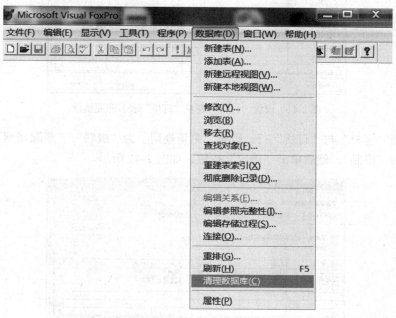

图 2-39 "清理数据库"命令

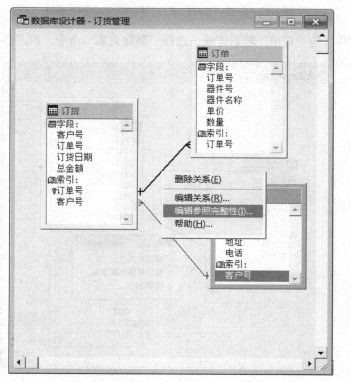

图 2-40 选择"编辑参照完整性"命令

图 2-41 设置"订货"表与"订单"表参照完整性

8. 再选择"客户"与"订货"行，设置"更新规则"为"级联"，"删除规则"为"级联"，"插入规则"为"限制"，然后单击"确定"按钮，如图 2-41 所示。

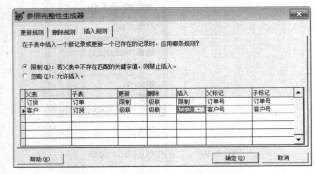

图 2-42 设置"客户"表与"订货"表参照完整性

9. 右击"订货"与"订单"联系连线，选择"删除关系"命令，如图 2-43 所示。

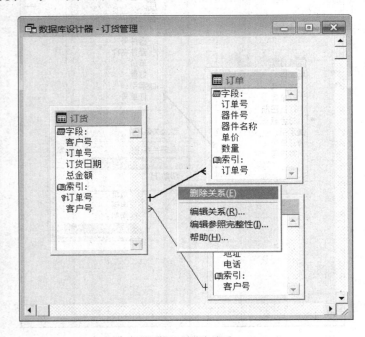

图 2-43 删除关系

10. 右击"订单"表，选择"删除"命令，如图 2-44 所示，再单击"移去"按钮，如图 2-45 所示。

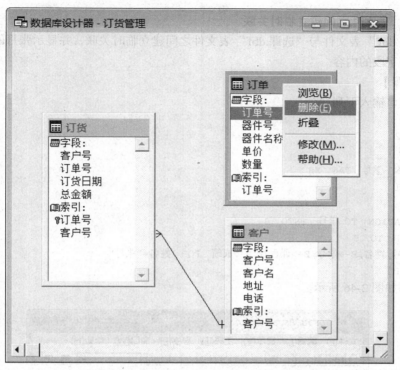

图 2-44　删除"订单"表

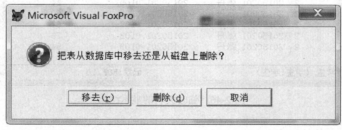

图 2-45　"删除"提示对话框

11. 在命令窗口输入"CLOSE　DATABASE"并按"Enter"键。

【拓展与思考】

1. 为什么要在"客户"表中按"客户号"建立候选索引？建立普通索引可以吗？二者有何区别？如果建立普通索引，还能与"订货"表建立永久联系吗？

2. 可以为数据库表建立几种类型的索引？打开"订单"自由表，将"器件号"字段的索引名和索引表达式都设置为"器件号"，索引类型设置为"主索引"，可以吗？

3. 观察"客户"表和"订货"表中第一条记录的客户号的值，将"客户"表第一条记录的客户号修改成"HL0109"，查看"订货"表中第一条记录的客户号的值是否发生改变，如果改变是什么规则在起作用？

4. 如果逻辑删除"客户"表中的第一条记录，"订货"表中的第一条记录也被逻辑删除吗？

为什么？

5. 在"订货"表中插入一条新记录"GZ0101   160101   01/02/16   4000"能否实现？为什么？

实验 2.5　表文件之间建立临时关联

在"学生.dbf"表文件与"选课.dbf"表文件之间建立临时关联，并显示张丹的学号、姓名、课程号和成绩字段的内容。

【操作步骤】

在命令窗口输入下列命令：

```
CLEAR
SELECT 2
USE 选课
INDEX ON 学号 TAG XH
SELECT 1
USE 学生
SET RELATION TO 学号 INTO B
SET SKIP TO B
LIST 学号,姓名,B->学号,B->课程号,B->成绩 FOR 姓名="张丹"
CLOSE ALL
```

显示结果如图 2-46 所示。

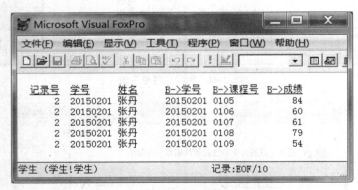

图 2-46　临时关联的显示结果

【拓展与思考】

在"学生"表、"选课"表和"课程"表文件之间建立临时关联，并显示王丽同学的学号、姓名、课程号、课程名和成绩字段的内容。

实验 2.6　排序

对"学生"表按"入学成绩"升序排序并显示排序后的结果。

【操作步骤】

在命令窗口输入下列命令：

```
CLEAR
USE 学生
SORT ON 入学成绩 TO stu
USE stu
LIST
USE
```

显示结果如图 2-47 所示。

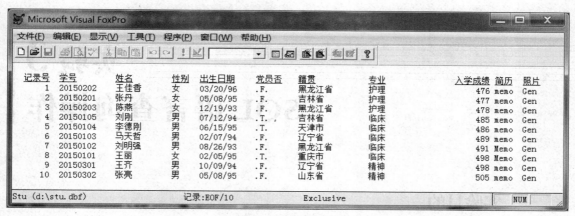

图 2-47　排序显示结果

【拓展与思考】

1. 对"学生"表，请写出按"出生日期"降序排列并只包含党员同学的记录，排序产生的新文件为"rq.dbf"，显示排序后的结果。

2. 对"学生"表，请写出先按"性别"降序，性别相同再按"入学成绩"降序排序的命令，排序产生的新文件为"xbcj.dbf"，显示排序后的结果。

三、提高性实验

1. 对"学生"表建立索引，其索引表达式由性别和出生日期共同组成，并查看逻辑排序的结果。

2. 利用 INDEX 命令为"学生"表建立一个普通索引，索引名为"XM"，索引表达式为"姓名"，将索引存放在"学生.cdx"中，然后将该 INDEX 命令存入"px.prg"中。

3. 建立"学校管理"数据库，将"学生""选课""教师""授课"和"课程"表添加到数据库中，建立 5 个表间的永久联系，哪些表间存在一对多的联系？

实验 3
SQL 语言查询操作

一、实验目的

1. 掌握用 SELECT 命令进行简单查询的方法。
2. 掌握用 SELECT 命令进行分组与计算查询的方法。
3. 掌握用 SELECT 命令进行连接查询的方法。
4. 熟悉用 SELECT 命令进行嵌套查询的方法。

二、实验内容

实验 3.1　简单查询
1. 查询学生表中的所有学生信息。

【语句】

```
SELECT * FROM 学生
```

2. 查询学生表中所有女生的学号、姓名、专业信息，结果如图 3-1 所示。

【语句】

```
SELECT 学号,姓名,专业 FROM 学生 WHERE 性别="女"
```

图 3-1　查询结果 1

【语法提示】

Visual FoxPro 的 SELECT-SQL 命令的一般语法格式如下。

```
SELECT <目标列表达式>
FROM <基本表(或视图)>
[WHERE <条件表达式>]
[GROUP BY <列名 1> [HAVING <筛选条件>]]
[ORDER BY <列名 2>]
[INTO <目标>]
```

其中，

- SELECT 子句：指定查询结果中的数据。
- FROM 子句：用于指定查询的表或视图，可以是多个表或视图。
- WHERE 子句：说明查询条件，即筛选元组的条件。
- GROUP BY 子句：对记录按照<列名 1>值分组，常用于分组统计。
- HAVING 子句：与 GROUP BY 子句同时使用，并作为分组记录的筛选条件。
- ORDER BY 子句：指定查询结果中记录按照<列名 2>排序。
- INTO 子句：指定查询结果的输出去向。

关于 SELECT 子句，其可以采用以下格式。

```
[ALL | DISTINCT]  [别名.]<选择项>  [AS <别名>]
```

其中，

- ALL 表示选出的记录中包括重复记录（缺省值），DISTINCT 表示选出的记录中不包括重复记录。
- 选择项：是必选项，不能省略，可以是一个字段名、一个变量、一个表达式，通常为字段名，"*"表示查询所有的字段。
- AS 别名：在显示结果时，指定该列的名称。

关于 WHERE 子句，其可以采用下面格式。

其条件表达式由一系列用 AND 或 OR 连接的关系表达式组成，其中，

- <字段名> [NOT] BETWEEN <起始值> AND <终止值>：字段的值必须在（或不在）指定的<起始值>和<终止值>之间。
- <字段名> [NOT] LIKE <字符表达式>：对字符型数据进行字符串比较，字符表达式可以使用通配符 "%" 和 "_"，下划线 "_" 表示一个字符，百分号 "%" 代表 0 个或多个字符。
- <字段名> [NOT] IN <值表>：<字段名>的值必须是（或不是）值表中的一个元素。
- <字段名> [NOT] IS NULL：<字段名>的值是（或不是）空值。

【拓展与思考】

1. 显示"课程"表中的所有信息。
2. 显示"课程"表中的课程名称和所需要的学时数。
3. 显示"学生"表中学生所学专业的名称。
4. 显示"学生"表中学号为"20150302"的学生记录。
5. 显示"学生"表中入学成绩在 470 分以上的党员学生的姓名和专业信息。
6. 显示"学生"表中出生日期在 1994 年 1 月 1 日至 1995 年 2 月 1 日之间的学生记录。
7. 在"学生"表中查询姓刘的学生记录。

实验 3.2 连接查询

显示授课课程号和授课教师姓名，结果如图 3-2 所示。

【语句】

方法 1：

```
SELECT 课程号,姓名 as 授课教师 FROM 授课,教师 WHERE 授课.教师号=教师.教师号
```

方法 2：

```
SELECT 课程号,姓名 as 授课教师 FROM 授课 INNER JOIN 教师 ON 授课.教师号=教师.教师号
```

图 3-2 查询结果 2

【语法提示】

在一个查询语句中，当同时涉及两个或两个以上表时，这种查询被称之为连接查询。在多表之间查询，必须处理表与表之间的连接关系，可以利用 WHERE 条件显示两个表中同时满足条件的记录，也可以利用 FROM 子句中提供的连接的子句实现。

连接分为内部连接和外部连接。外部连接又分为左外连接、右外连接和全外连接。使用 INNER JOIN（或 JOIN）短语实现的内部连接指包括符合条件的两个表中的记录，即只有满足连接条件的记录包含在查询结果中；使用 LEFT [OUTER] JOIN 短语实现的左连接是指连接满足条件左侧表的全部记录；使用 RIGHT [OUTER] JOIN 短语实现的右连接是指连接满足条件右侧表的全部记录；使用 FULL [OUTER] JOIN 短语实现的全连接是指连接满足条件的全部记录。

【拓展与思考】

1. 显示学生的学号、课程名、课程成绩。（用两种方法实现）

2. 查询购买的"北平制药有限公司"的药品的名称、数量和入库日期。

实验 3.3 分组与计算查询

1. 统计"学生"表中入学成绩的最高分、最低分和平均值，结果如图 3-3 所示。

【语句】

```
SELECT  MAX(入学成绩) AS '最高分',MIN(入学成绩) AS '最低分', AVG(入学成绩) AS '平均分'
FROM 学生
```

2. 在"学生"表中，显示男女生人数，结果如图 3-4 所示。

【语句】

```
SELECT 性别,COUNT(学号) AS '人数' FROM 学生 GROUP BY 性别
```

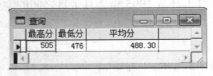

图 3-3 查询结果 3

图 3-4 查询结果 4

【语法提示】

SQL 不仅具有一般的检索能力，而且可以利用库函数对查询结果进行统计计算。如果需要对不同类型的记录分别进行统计计算，还需要利用分组 GROUP BY 子句实现。GROUP BY 子句格式如下。

```
GROUP  BY  <组表达式1> [,<组表达式2>...]  [HAVING <条件表达式>]
```
其中，GROUP　BY 可以按一列或多列分组，HAVING 用于进一步限定分组的条件。

【拓展与思考】

1. 利用"选课"表，计算显示每门课的课程号、参加考试人数、平均成绩。

2. 在"选课"表中，求出至少选修 5 门课的学生的学号和平均成绩。

3. SELECT 语句中的 WHERE 子句和 HAVING 子句有什么区别？

4. SELECT 语句的 GROUP 子句能按两个字段进行分组吗？

实验 3.4　查询结果排序

按学生年龄从小到大显示学生的学号、出生日期及入学成绩，结果如图 3-5 所示。

【语句】

```
SELECT  学号,出生日期,入学成绩 FROM  学生  ORDER BY  出生日期 DESC
```

学号	出生日期	入学成绩
20150202	03/20/96	476
20150104	06/15/95	486
20150201	05/08/95	477
20150302	05/08/95	505
20150101	02/05/95	498
20150301	10/09/94	498
20150105	07/12/94	485
20150103	02/07/94	489
20150203	12/19/93	478
20150102	08/26/93	491

图 3-5　查询结果 5

【语法提示】

利用 ORDER BY 子句实现查询结果的有序输出。ORDER BY 子句格式如下。

```
ORDER  BY  <排序选项1> [ ASC | DESC ] [,<排序选项2>[ASC | DESC]...]
```

其中，排序选项可以是字段名，也可以是数字，字段名必须是主 SELECT 子句的选项，数字是查询结果中表示列位置的数字；ASC 为指定的排序项按升序排列，DESC 为指定的排序项按降序排列，缺省为 ASC。查询结果利用 ORDER BY 子句排序后，可以利用 TOP 短语查询满足条件的前几个记录。

【拓展与思考】

1. 显示学生的学号、姓名、专业、籍贯、入学成绩信息，按专业降序排序，同一专业学生按学号升序显示。

2. 显示"0101"课程的考试成绩前 2 名同学的学号和成绩。

实验 3.5　查询去向

将临床专业学生的信息存入"stulc"表中。

【语句】

```
SELECT  *  FROM 学生  WHERE  专业="临床"  INTO  TABLE  STULC
```

【语法提示】

利用 INTO 子句选择查询去向，其中 INTO DBF | TABLE　<表名> 可以将查询结果存放到永久表中（.dbf 文件）；INTO　ARRAY <数组名> 可以将查询结果存放到数组中；INTO　CURSOR

<临时表名> 可以将查询结果存放在临时文件中；TO FILE <文件名> [ADDITIVE] 可以将查询结果存放到文本文件中（默认扩展名是 txt）。

【拓展与思考】

1. 显示学生的学号、姓名、专业、籍贯、入学成绩信息，按专业降序排序，同一专业学生按学号升序显示，结果存入“one”表中。

2. 显示“0101”课程的考试成绩前 2 名同学的学号和成绩，结果以文本形式存放到“two.txt”中。

实验 3.6 集合运算和嵌套查询

1. 用两种方法显示“张亮” 和“陈燕”的记录内容。

【语句】

方法 1：

```
SELECT * FROM 学生 WHERE 姓名="张亮" or 姓名="陈燕"
```

方法 2：

```
SELECT * FROM 学生 WHERE 姓名="张亮";
UNION ;
SELECT * FROM 学生 WHERE 姓名="陈燕"
```

2. 显示女同学的学习成绩。

【语句】

```
SELECT * FROM 选课 WHERE 学号 IN(SELECT 学号 FROM 学生 WHERE 性别="女")
```

【语法提示】

SQL 支持集合的并（UNION）运算，即可以将两个 SELECT 语句的查询结果通过并运算合并成一个查询结果。

嵌套查询是由里向外处理，子查询的结果是其父查询的条件，<字段> IN（<子查询>）指字段内容是子查询中的一部分。

【拓展与思考】

1. 显示“0101”课程和“0103”课程的最高分及相应学生的学号，查询结果如图 3-6 所示。

查询

课程号	学号	最高分
0101	20150105	90
0103	20150301	81

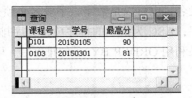

图 3-6 查询结果 6

2. 显示入库的单位为“盒”的药品的药品号和数量，查询如图 3-7 所示。

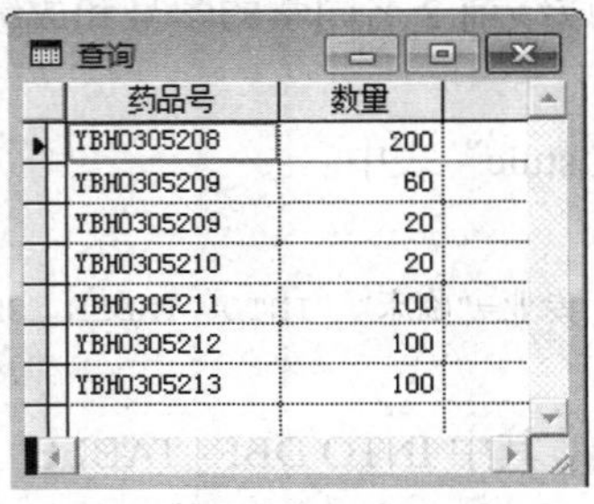
查询

药品号	数量
YBH0305208	200
YBH0305209	60
YBH0305209	20
YBH0305210	20
YBH0305211	100
YBH0305212	100
YBH0305213	100

图 3-7 查询结果 7

三、提高性试验

1. 计算学号为"20100103"的同学已修的学分数（考试成绩及格可以获得学分）。

2. 查询平均成绩高于 75 分的学生的学号、平均成绩、选课门数信息，查询结果按选课门数由多到少的顺序排序，并保存到表"jieguo.dbf"中。

3. 查询 2015 年 9 月各生产厂家的年销售金额情况。查询内容为生产厂家号、厂家名称、药品号、药品名称和销售金额，其中，年销售金额=药品入库表中数量*单价。查询结果按生产厂家号升序，然后按销售金额降序排序，并将查询结果输出到表"TABA"中。表 TABA 的字段名分别为"生产厂家号"、"厂家名称"、"药品号"、"药品名称"和"销售金额"。

4. 用 ALTER TABLE 语句在"生产厂家"表中添加一个"总金额"字段，该字段为数值型，宽度为 7，小数位数为 2。

根据"药品入库表"中的相关数据计算各厂家药品的总金额（一个订单的总金额等于它所包含的各药品的金额之和，每个药品的金额等于数量乘于单价），并将计算的结果填入刚建立的字段中。

实验4
SQL 语言定义和修改操作

一、实验目的

1. 掌握 SQL 修改数据表记录命令。
2. 熟悉 SQL 定义表和修改表结构命令。

二、实验内容

实验 4.1　新建表

使用 SQL 命令建立表"学生信息.dbf"，表的结构如表 4-1 所示。

表 4-1　　　　　　　　　　　　　　　"学生信息"表结构

字 段 名	类　　型	宽度（小数位）	字 段 名	类　　型	宽度（小数位）
学号	C	8	籍贯	C	10
姓名	C	8	专业	C	10
性别	C	2	入学成绩	N	3
出生日期	D	8	简历	M	4
党员否	L	1	照片	G	4

【操作步骤】

1. 使用 CREATE　TABLE 命令新建表。

命令方式：

```
CREATE TABLE 学生信息 ;
 (学号 C(8),姓名 C(8),性别 C(2),出生日期  D ,党员否  L ,;
籍贯 C(10),专业 C(10),入学成绩 N(3,0),简历 M,照片 G)
```

2. 查看"学生信息.dbf"表的结构。

可以选择其中一种方法执行，查看表结构。

● 命令方式：

```
LIST  STRUCTURE
```

● 菜单方式：

```
"显示"|"表设计器"
```

表设计器的显示结果如图 4-1 所示。

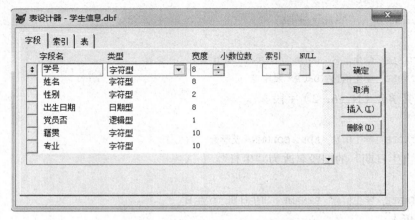

图 4-1   "学生信息.dbf"表的结构

【语法提示】

建立表的命令 CREATE   TABLE 语法格式如下：

```
CREATE  TABLE | DBF <表名 1> [FREE]
(<字段名 1>  <数据类型> [(<宽度>,[小数位数])] [NULL | NOT NULL]
[CHECK <逻辑表达式 1> [ERROR <出错信息 1>] ]
[DEFAULT <表达式 1>]
[PRIMARY  KEY | UNIQUE] [ REFERENCES <表名 2> TAG <标识 1>]
[,<字段名 2>...]
[,PRIMARY KEY <表达式 2>  TAG  <标识 2> |,UNIQUE <表达式 3> TAG <标识 3>]
[,FOREIGN KEY <表达式 4> TAG <标识 4> [NODUP]  REFERENCES <表名 3>  [TAG <标识 5>] ]
[,CHECK <逻辑表达式 2>  [ERROR <出错信息 2> ] ])
| FROM  ARRAY <数组名>
```

其中，CHECK 子句、DEFAULT 子句、PRIMARY KEY 子句只有在建立数据库表时可用。如果需要建立数据库表，需要在打开数据库时执行 CREATE   TABLE 命令。

【拓展与思考】

1. 如何使用 SQL 命令，在"成绩管理"数据库中建立"课程信息"表？"课程信息"表由课程号（C，4）、课程名（C，20）、学时（N，3，0）、学分（N，1，0）字段组成，其中课程号为主键。

【提示】

因为只有数据库表可以设置主键，所以首先打开数据库"成绩管理"，之后执行 CREATE TABLE 命令，注意命令中字段名与字段类型之间必须有空格。

2. 在数据库打开状态下，能否建立自由表？如果可以，如何建立？

实验 4.2   表结构的修改

将"学生信息"表中的"专业"字段的宽度修改成 4，删除"简历"、"照片"字段，增加奖学金（N，6，2）字段，将"出生日期"的字段名改为"生日"。

【操作步骤】

1. 将"专业"字段的宽度修改成 4。

语句：

```
ALTER TABLE 学生信息 ALTER  专业 C(4)
```

2. 删除"简历"、"照片"字段。

语句：

```
ALTER TABLE 学生信息 DROP COLUMN 简历
ALTER TABLE 学生信息 DROP 照片
```

3. 增加奖学金（N，6，2）字段。

语句：

```
ALTER TABLE 学生信息 ADD COLUMN 奖学金 N(6,2)
```

4. 将"出生日期"的字段名改为"生日"。

语句：

```
ALTER TABLE 学生信息 RENAME 出生日期 TO 生日
```

【技巧解析】

修改表结构的命令是 ALTER TABLE，该命令有三种格式，可以根据需求选用适当的命令格式和相应的子句。

- 新增字段或修改字段类型和宽度，使用命令格式 1：

```
ALTER TABLE <表名> ADD | ALTER <字段名1> <字段类型>[(<字段宽度>[,<小数位数>])]
```

- 设置缺省值，选用命令格式 2 子句：

```
ALTER TABLE <表名> ALTER <字段名> SET DEFAULT <表达式>
```

- 设置字段有效性，选用命令格式 2 子句：

```
ALTER TABLE <表名> ALTER <字段名> SET CHECK <逻辑表达式> [ERROR <错误信息>]
```

- 删除字段有效性，选用命令格式 2 子句：

```
ALTER TABLE <表名> ALTER <字段名> DROP CHECK
```

- 删除缺省值，选用命令格式 2 子句：

```
ALTER TABLE <表名> ALTER <字段名> DROP DEFAULT
```

- 删除表字段，选用命令格式 3 子句：

```
ALTER TABLE <表名> DROP <字段名>
```

- 为字段重新命名，选用命令格式 3 子句：

```
ALTER TABLE <表名> RENAME <原字段名> TO <新字段名>
```

【拓展与思考】

1. 写出以下 SQL 语句。

（1）为"学生"表增加奖学金（N，6，2）字段。

（2）添加字段有效性规则，使字段"奖学金"的值非负。

2. 如何利用 SQL 命令设置"学生"表"党员否"字段的缺省值为.F.?

实验 4.3 插入表记录

使用 INSERT 命令在"学生信息.dbf"中追加 3 条新记录（分别采用表达式、数组方式和内存变量方式），记录内容如表 4-2 所示。

表 4-2   "学生信息"表中增加记录内容

学号	姓名	性别	出生日期	党员否	籍贯	专业	入学成绩	奖学金
20150202	刘小强	男	1996-08-26	FALSE	黑龙江	临床	502	200
20150203	张亮	男	1995-05-08	FALSE	山东	精神	510	300
20150106	李文丽	女	1996-07-14	TRUE	黑龙江	临床	516	200

【操作步骤】

方法 1：

```
INSERT  INTO 学生信息 (学号,姓名,性别,生日,党员否,入学成绩,专业,籍贯,奖学金);
VALUES ("20150202","刘小强","男",{^1996-8-26},.F.,502,"临床","黑龙江",200)
```

方法 2：

```
DIMENSION S(9)
S(1)="20150203"
S(2)="张亮"
S(3)="男"
S(4)={^1995-05-08}
S(5)=.F.
S(6)="山东"
S(7)="精神"
S(8)=510
S(9)=300
INSERT  INTO 学生信息 FROM ARRAY S
```

方法 3：

```
学号="20150106"
姓名="李文丽"
性别="女"
生日={^1996-07-14}
党员否=.T.
籍贯="黑龙江"
专业="临床"
入学成绩=516
奖学金=200
INSERT  INTO 学生信息 FROM MEMVAR
```

【语法提示】

插入记录的命令是 INSERT INTO，该命令有 2 种格式。

① 格式 1：INSERT INTO <表名>　[<字段名表>]　VALUES　(<表达式表>)

在指定的表文件末尾追加一条记录，利用表达式将表中各表达式的值赋给<字段名表>中的相应的各字段。当插入的不是完整的记录时，可以用<字段名表>指定字段，<表达式表>给出具体的记录值，其中表达式的类型与对应的字段类型必须相同。

② 格式 2：INSERT INTO <表名>　FROM　ARRAY　<数组名>|FROM　MEMVAR

在指定的表文件末尾追加一条记录。利用数组或内存变量的值赋值给表中个字段。从指定的数组中插入记录值时，各个数组元素的值依次赋给记录的各个字段，其数据类型要与相应字段类型一致；根据同名的内存变量来插入记录值时，如果同名的变量不存在，那么相应的字段为默认值或空。

【拓展与思考】

1. 利用方法 1，为"学生"增加学号为 20150109、1997 年 11 月 6 日出生、入学成绩为 530 分的张红女同学的记录，写出 SQL 语句。

2. 利用方法 2，为"课程"增加课程号为"0301"、课程名为"高等数学"，学时数为 48，学分为 3 的课程信息。

实验 4.4　修改表记录

使用 UPDATE 命令，将"学生"表中党员学生的入学成绩在原有基础上增加 5 分。

【语句】

```
UPDATE  学生  SET  入学成绩=入学成绩+5 WHERE  党员否=.T.
```

【语法提示】

修改记录的命令是 UPDATE，语法格式如下：

```
UPDATE  <表名>  SET  <字段 1>=<表达式 1>  [,<字段 2>=<表达式 2>,…]  [WHERE  <条件表达式>]
```

利用该命令可以更新指定表中满足 WHERE 条件子句的记录数据，可以同时修改多个字段的值，如果省略 WHERE 子句，则更新全部记录。

【拓展与思考】

1．写出以下 SQL 语句。

（1）设置"学生"表中所有学生的奖学金为 300 元。

（2）将入学成绩高于 490 分的同学的奖学金在原基础上增加 10%。

2．将"选课"表中"20150103"学生"0107"课程的成绩设为空值。

实验 4.5　删除表记录

使用 SQL 的 DELETE 命令删除"学生"表中 1996 年出生的学生记录。

【语句】

```
DELETE  FROM  学生  WHERE  YEAR(出生日期)=1996
```

【语法提示】

删除记录的命令是 DELETE，语法格式如下：

```
DELETE  FROM  <表名>  [ WHERE <条件表达式> ]
```

利用该命令可以从指定的表中删除满足 WHERE 条件子句的所有记录，如果省略 WHERE 子句，则删除该表中的全部记录。此命令是逻辑删除记录，如果需要物理删除，需要使用 PACK 命令。

【拓展与思考】

1．利用 SQL 语句删除"选课"表中成绩小于 60 的记录。

2．SQL 中的 DELETE 命令能够物理删除表中记录吗？

三、提高性实验

1．在"学生"表中增加"年龄"字段，通过"出生日期"字段计算每个同学的年龄，然后删除"出生日期"字段。

2．在"成绩管理"数据库中，设置"学生"表中入学成绩必须在 400 和 600 之间。

3．设置"选课"表中"学号+课程号"为主键。

4．使用 SQL INSERT 语句在"药品"表中添加一条记录，其中药品号为 YBH401001，药品为血符逐瘀丸，规格 10 丸/盒，单位为盒，然后将语句保存在"sone.prg"中。

5．使用 SQL UPDATE 语句将"药品入库表"中入库号为"9240907009"的入库日期改为 2015 年 11 月 8 日，然后将该命令保存在"stwo.prg"中。

6．使用 SQL ALTER 语句为"药品"表添加一个"单价"字段（货币类型），然后将该命令保存在"sthree.prg"中。

7．使用 SQL DELETE 语句从"药品入库表"中删除入库号为"9240907009"的记录，然后将该命令保存在"sfour.prg"中。

8. 使用 "药品"表的"药品号"字段增加有效性规则，药品号的最左边三位字符是"YBH"，并将 SQL 语句存储在"sfive.prg"中。

9. 使用 SQL ALTER TABLE ..UNIQUE …语句将"药品"中的"药品号"定义为候选索引，索引名是"temp"，并将 SQL 语句存储在"ssix.prg"中。

实验 5
查询与视图

一、实验目的

1. 掌握查询的建立和使用方法。
2. 掌握视图的建立和使用方法。

二、实验内容

实验 5.1　查询向导

1. 利用查询向导建立"query1"查询。查找所有教授基本授课信息，要求查询结果中包括教师号、姓名、职称和课程号字段，并按教师号升序排列查询结果。

【操作步骤】

（1）选择"文件"|"新建"，弹出"新建"对话框，文件类型选择"查询"，然后单击"向导"按钮，将弹出"向导选取"对话框，如图 5-1 所示。

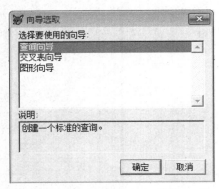

图 5-1　"向导选取"对话框

（2）选择"查询向导"选项，单击"确定"按钮，将弹出"查询向导步骤 1"对话框，如图 5-2 所示。

（3）选择查询中要用到的"教师"和"授课"表。

（4）选择查询中需要的字段，这里选择"教师"表中的教师号、姓名、职称，"授课"表中的课程号字段，如图 5-3 所示。

（5）单击"下一步"按钮，弹出"查询向导步骤 2"对话框，单击"添加"按钮，建立两表之间的关系，如图 5-4 所示。

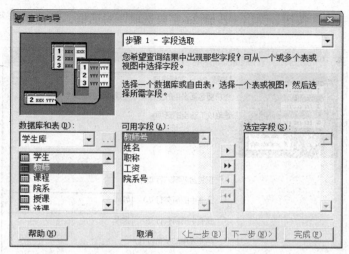

图 5-2 "查询向导步骤 1"对话框

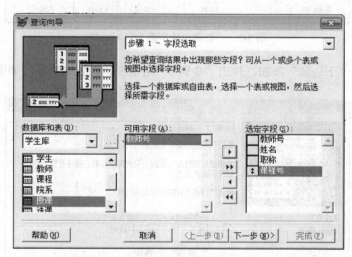

图 5-3 选择需要的字段

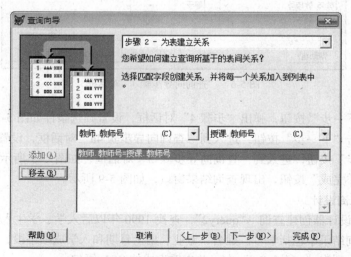

图 5-4 "查询向导步骤 2"对话框

（6）单击"下一步"按钮，弹出"步骤 2a-字段选取"对话框，设置如图 5-5 所示。

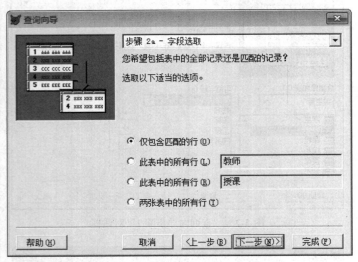

图 5-5   "查询向导步骤 2a"对话框

（7）继续单击"下一步"按钮，弹出"步骤 3"对话框，设置筛选条件如图 5-6 所示。

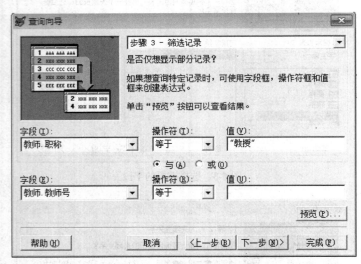

图 5-6   "查询向导步骤 3"对话框

（8）单击"下一步"按钮，弹出"步骤 4"对话框，设置筛选条件如图 5-7 所示。

（9）继续单击"下一步"按钮，进入到"查询向导步骤 4a"对话框，设置记录的显示比例。继续单击"下一步"按钮，进入到"查询向导步骤 5"对话框，如图 5-8 所示，选择"保存并运行查询"后单击"完成"按钮，出现查询结果窗口，如图 5-9 所示。

实验 5.2   查询设计

1. 利用查询设计器创建查询 "query2"，查找 1990 年以后入学、学生入学成绩大于 480 分的学生，要求查询结果中包括学号、姓名、专业、出生日期和入学成绩字段，查询结果按成绩高低升序排列并存入到表 "table2.dbf"中，并查看生成的 SQL 语句。

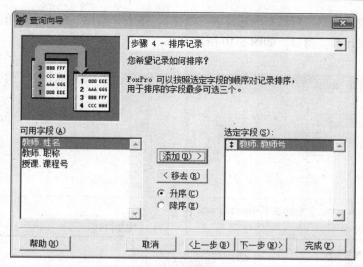

图 5-7　"查询向导步骤 4"对话框

图 5-8　"查询向导步骤 5"对话框

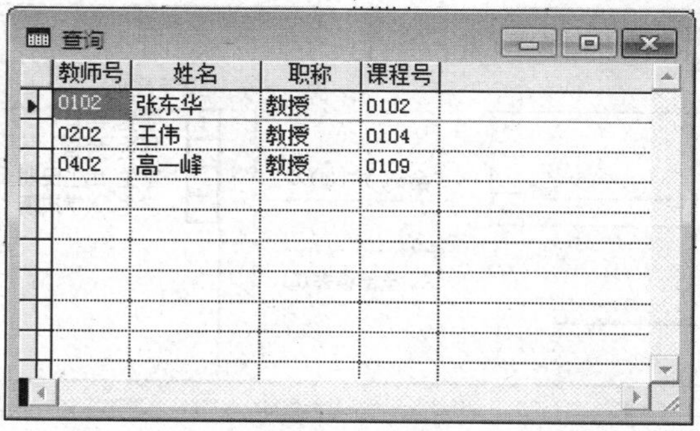

	教师号	姓名	职称	课程号
▶	0102	张东华	教授	0102
	0202	王伟	教授	0104
	0402	高一峰	教授	0109

图 5-9　查询结果

【操作步骤】

（1）在系统菜单下选择"文件"|"新建"命令，选择"查询"单选按钮，单击"新建文件"，

在弹出的"添加表或视图"对话框内选择表"学生"，单击"添加"按钮，再单击"关闭"按钮，将进入到"查询设计器"窗口，如图 5-10 所示。

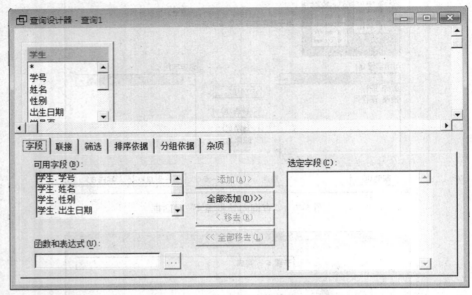

图 5-10　"查询设计器"窗口

（2）选择"字段"选项卡，将"可用字段"列表框中的"学号""姓名""出生日期""入学成绩"字段添加到右侧的"选定字段"列表框中，如图 5-11 所示。

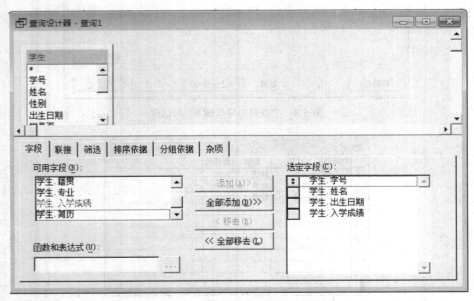

图 5-11　查询设计器"字段"选项卡

（3）选择"筛选"选项卡，设置筛选条件为出生日期大于等于{^1990-1-1}，并且入学成绩大于 480 分，如图 5-12 所示。

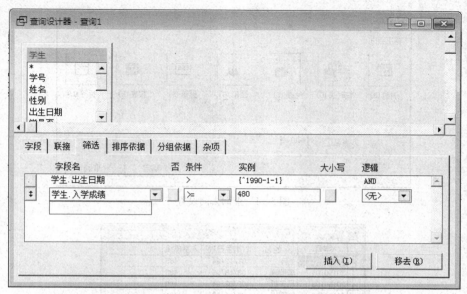

图 5-12 查询设计器"筛选"选项卡

（4）选择"排序依据"选项卡，设置按照入学成绩升序排列，如图 5-13 所示。

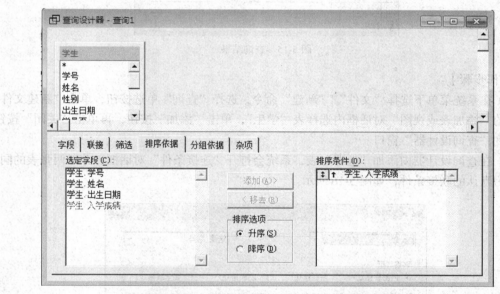

图 5-13 查询设计器"排序依据"选项卡

（5）设置查询去向为表"table2"，如图 5-14 所示。

（6）以"query2"为文件名保存该查询，并运行查询，结果如图 5-15 所示。

（7）查看生成的 SQL 语句。

```
SELECT 学生.学号,学生.姓名,学生.专业,学生.出生日期,学生.入学成绩 FROM 学生库!学生;
ORDER BY 学生.入学成绩;
INTO TABLE table2.dbf
```

2. 利用查询设计器创建多表查询。建立"query3"，查询护理专业学生选课信息，要求查询结果中包括学号、姓名、专业、课程号和成绩字段。

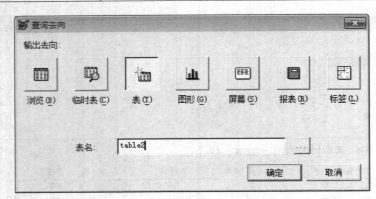

图 5-14　查询去向设置

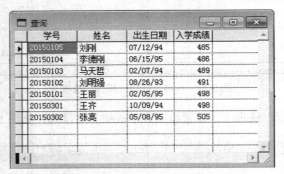

图 5-15　查询结果

【操作步骤】

（1）在系统菜单下选择"文件"|"新建"命令，选择"查询"单选按钮，单击"新建文件"，在弹出的"添加表或视图"对话框内选择表"学生"，单击"添加"按钮，再单击"关闭"按钮，将进入到"查询设计器"窗口。

（2）在查询设计器内添加"选课"表，系统会打开"连接条件"对话框，并以两张表的同名字段作为默认的联接条件，如图 5-16 所示。

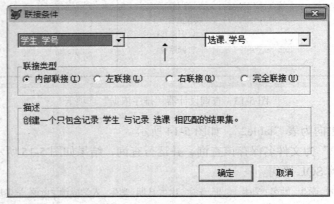

图 5-16　"联接条件"对话框

（3）进入到"字段"选项卡，将"学号"、"姓名"、"专业"、"课程号"、"成绩"字段添加到选定字段中，如图 5-17 所示。

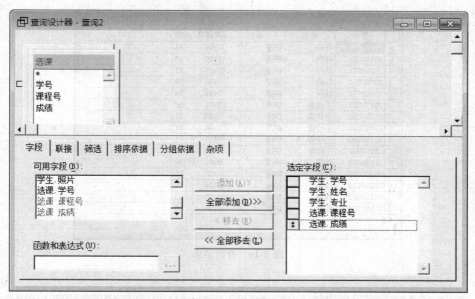

图 5-17 查询设计器"字段"选项卡

（4）选择"筛选"选项卡，设置"筛选"条件为专业为"护理"，如图 5-18 所示。

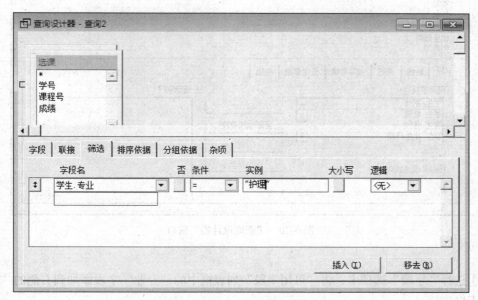

图 5-18 查询设计器"筛选"选项卡

（5）以"query3"为文件名保存该查询，并运行查询，结果如图 5-19 所示。

3. 利用查询设计器建立"query4"，要求查询结果中包含各专业学生人数和入学成绩平均值。

【操作步骤】

（1）在系统菜单下选择"文件"|"新建"命令，选择"查询"单选按钮，单击"新建文件"，在弹出的"添加表或视图"对话框内选择表"学生"，单击"添加"按钮，再单击"关闭"按钮，将进入到"查询设计器"窗口，如图 5-20 所示。

图 5-19　查询结果

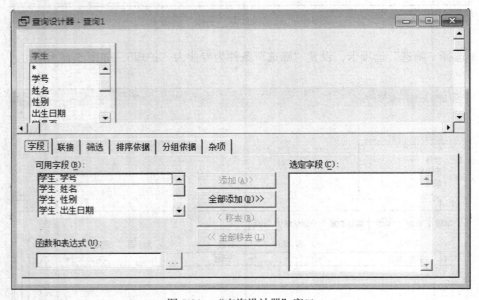

图 5-20　"查询设计器"窗口

（2）选择"字段"选项卡，将"可用字段"列表框中的"专业"字段添加到右侧的"选定字段"列表框中。

（3）在"字段"选项卡左下角的"函数和表达式"框内依次输入"count（学生.学号） as 人数""avg（学生.入学成绩）as 平均入学成绩"，并添加到选定字段，如图 5-21 所示。

（4）进入到"分组"选项卡，设置按照"专业"进行分组，如图 5-22 所示。

（5）以"query4"为文件名保存该查询，并运行查询，结果如图 5-23 所示。

4. 利用查询设计器创建查询"query5"，查询平均成绩大于 75 分的学生的学号、平均成绩、选课门数信息，查询结果按选课门数降序排列，并查看生成的 SQL 语句。

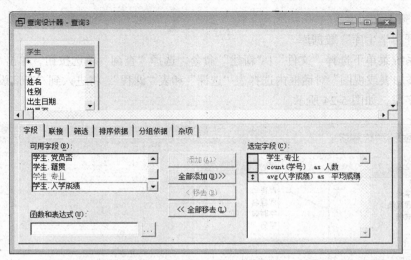

图 5-21　字段设置选项卡

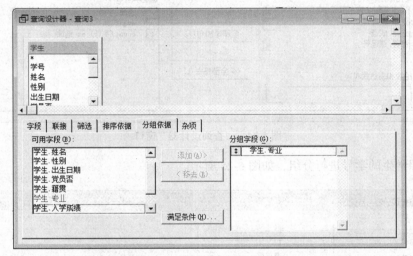

图 5-22　分组依据设置选项卡

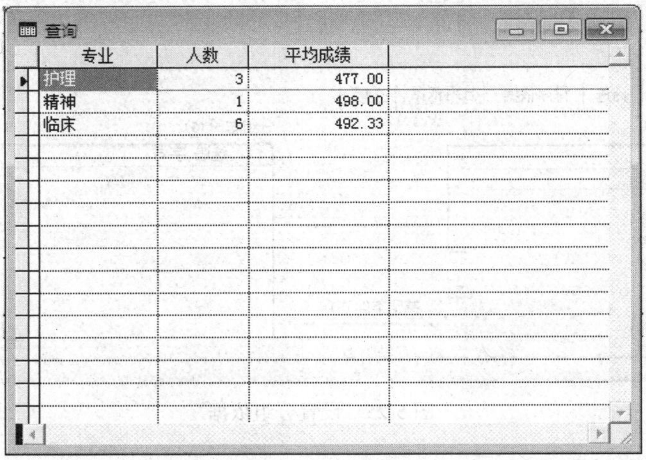

专业	人数	平均成绩
护理	3	477.00
精神	1	498.00
临床	6	492.33

图 5-23　查询结果

【操作步骤】

（1）打开"学生库"数据库。

（2）在系统菜单下选择"文件"|"新建"命令，选择"查询"单选按钮，单击"新建文件"，在弹出的"添加表或视图"对话框内选择表"选课"和表"课程"，将进入到"查询设计器"窗口，并添加相关字段，如图 5-24 所示。

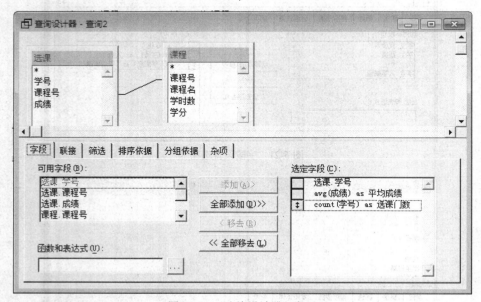

图 5-24　"查询设计器"窗口

（3）按照学生的学号进行分组，如图 5-25 所示。

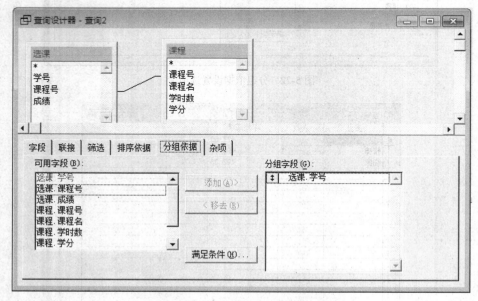

图 5-25　设置分组依据

（4）单击"满足条件"按钮，打开"满足条件"对话框，设置分组记录的满足条件。

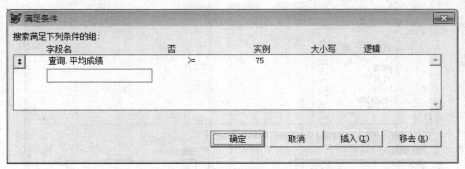

图 5-26　设置分组满足条件

（5）生成的 SQL 语句如下所示：

```
SELECT 选课.学号,avg(成绩)as 平均成绩,count(学号)as 选课门数;
    FROM 学生库!选课 INNER JOIN 学生库!课程;
        ON 选课.课程号 = 课程.课程号;
            GROUP BY 选课.学号;
                HAVING 平均成绩 >= 75;
```

【拓展与思考】

1. 利用查询设计器建立查询 "query5"，查询 "选课" 和 "课程" 表每门课程的课程号、课程名、参加考试人数和平均成绩，将查询结果按课程号升序排列，并将查询结果存入到表 "table6" 中，并查看生成的 SQL 语句。

2. 利用查询设计器创建查询过程中，同时满足多个查询条件如何设置？

实验 5.3　视图设计

1. 利用视图设计器建立名为 "视图 1" 的视图，要求结果中包括学号、姓名、性别和入学成绩字段，并按入学成绩的降序排序。

【操作步骤】

（1）打开 "学生库" 数据库。

（2）在系统菜单下选择 "文件" | "新建" 命令，选择 "视图" 单选按钮，单击 "新建文件"，在弹出的 "添加表或视图" 对话框（如图 5-27 所示）中选择表 "学生"，单击 "添加" 按钮，单击 "关闭" 按钮，进入到 "视图设计器" 窗口，如图 5-28 所示。

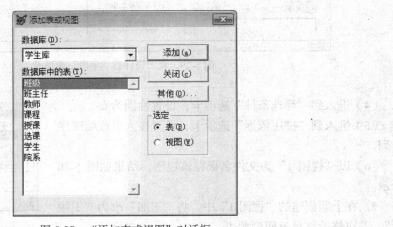

图 5-27　"添加表或视图" 对话框

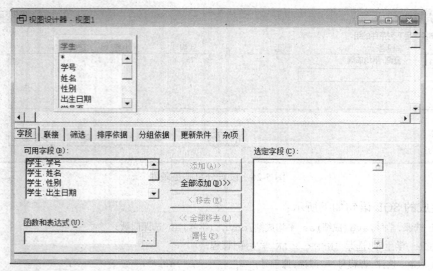

图 5-28　视图设计器

（3）选择字段选项卡，将"学号""姓名""性别""入学成绩"字段添加到选定字段中，如图 5-29 所示。

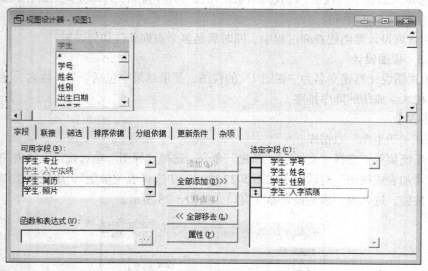

图 5-29　视图设计器"字段"选项卡

（4）进入到"筛选条件"选项卡，设置性别为女。

（5）进入到"排序依据"选项卡，设置按入学成绩降序排列。

（6）以"视图 1"为文件名保存该视图，结果如图 5-30 所示。

2. 在上题创建的"视图 1"中，将"王丽"改为"王丽丽"，并将修改结果返回到源表。

图 5-30　视图浏览数据

【操作步骤】

（1）选择"视图 1"，进入到"视图设计器"窗口。

（2）进入"更新条件"选项卡，设置更新条件，如图 5-31 所示。

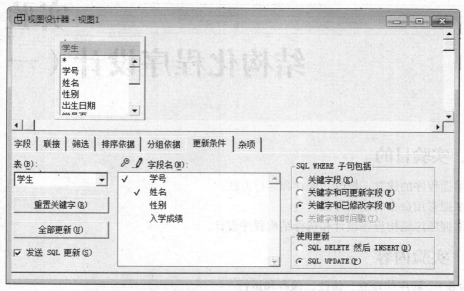

图 5-31　"更新条件"设置

（3）保存设置，进入到"视图 1"浏览窗口，将"王丽"改为"王丽丽"。

进入"学生"表浏览窗口，如图 5-32 所示，"王丽"改为"王丽丽"。

学号	姓名	性别	出生日期	党员否	籍贯	专业	入学成绩	简历	照片
20150101	王丽丽	女	02/05/95	T	重庆市	临床	498	Memo	Gen
20150201	张丹	女	05/08/95	F	吉林省	护理	477	memo	Gen
20150301	王齐	男	10/09/94	F	辽宁省	精神	498	memo	Gen
20150104	李德刚	男	06/15/95	T	天津市	临床	486	memo	Gen
20150202	王佳香	女	03/20/96	F	黑龙江省	护理	476	memo	Gen
20150102	刘朋强	男	08/26/93	F	黑龙江省	临床	491	Memo	Gen
20150302	张亮	男	05/08/95	F	山东省	临床	505	memo	Gen
20150105	刘刚	男	07/12/94	T	吉林省	临床	485	memo	Gen
20150203	陈燕	女	12/19/93	F	黑龙江省	护理	478	memo	Gen
20150103	马天哲	男	02/07/94	F	辽宁省	临床	489	memo	Gen

图 5-32　"学生"表浏览窗口

【拓展与思考】

1. 查询与视图的区别是什么？

2. 如何利用视图对源表数据进行更新？

实验 6

结构化程序设计（一）

一、实验目的

1. 掌握程序的建立、修改、保存和运行方法。
2. 掌握常用命令的使用方法。
3. 掌握顺序结构程序设计和选择结构程序设计。

二、实验内容

实验 6.1　程序的建立、修改、保存和运行

【操作步骤】

1. 启动 Visual FoxPro。
2. 建立程序文件。

方法 1：在命令窗口执行如下命令，其中<程序文件名>自行定义。

`MODIFY COMMAND <程序文件名>`

方法 2：选择 "文件" | "新建" 菜单命令，在弹出的对话框中选择 "程序" 选项，然后单击 "新建文件" 按钮，打开程序文件编辑窗口，如图 6-1 所示，即可在编辑窗口输入程序。

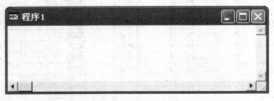

图 6-1　程序文件编辑窗口

3. 输入程序，如图 6-2 所示。

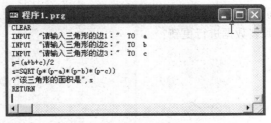

图 6-2　输入程序

4．保存程序。

方法 1：选择 "文件" | "保存" 菜单命令，再选择保存文件的位置并输入文件名。

方法 2：单击工具栏中的 "保存" 按钮。

方法 3：按 CTRL+W 快捷键保存程序文件，之后关闭程序文件窗口。

5．运行程序。

方法 1：在命令窗口执行如下命令。

```
DO <程序文件名>
```

方法 2：选择 "程序" | "运行" 菜单命令。

方法 3：选择要运行的程序文件，单击工具栏中的 "运行" 按钮。

6．打开并修改程序。

方法 1：在命令窗口执行如下命令。

```
MODIFY  COMMAND  <程序文件名>
```

方法 2：选择 "文件" | "打开" 菜单命令，文件类型选择 "程序"，打开需要的程序文件，修改之后保存。

实验 6.2 程序设计

1．输入合法的三角形的三边长，编程计算该三角形面积。提示：设 a、b、c 是三角形边长，则 $p = \dfrac{a+b+c}{2}$，三角面积 $= \sqrt{p(p-a)(p-b)(p-c)}$。

【程序分析】

大多数的程序模块结构分成三部分：输入部分、计算处理部分和输出部分。

输入数值数据部分：用 INPUT 语句输入数值型数据且每次只能输入一个数值数据，因此必须用三条 INPUT 命令输入三条边。

计算处理部分：计算 p 的值和三角形的面积，其中开平方应用函数 $sqrt()$，而 p 和（$p-a$）等之间是乘法的关系，要用*号。

输出部分：通常用?或者??号将结果显示输出到主窗口，其中输出的内容可以是提示内容，如 "该三角形的面积是"，也可以是变量或表达式等，如三角形的面积 s。

【程序清单】

```
CLEAR
INPUT  "请输入三角形的边 1："  TO  a
INPUT  "请输入三角形的边 2："  TO  b
INPUT  "请输入三角形的边 3："  TO  c
p=(a+b+c)/2
s=SQRT(p*(p-a)*(p-b)*(p-c))
?"该三角形的面积是",s
RETURN
```

运行结果如图 6-3 所示。

2．从键盘上输入任意自然数，判断该数的奇偶性。

【程序分析】

本程序由输入和针对输入的内容进行判断两部分构成。

输入由一个 INPUT 命令构成。

图 6-3　计算三角形面积运行情况

判断部分：判断任意自然数的奇偶性，只能有两种可能，一种是应用双分支结构进行程序设计。按照分支结构的语法格式，判断条件为 n%2=0 即自然数除以 2 的余数是否为零，整除即是偶数，否则是奇数。另外，判断条件还可以是 MOD（n，2）=0 或者 INT（n/2）=n/2，读者可以试试。

输出部分是包含在判断部分中的，根据问题的需要将输出作为判断的相应结果。

【程序清单】

```
CLEAR
INPUT  "请输入一个自然数："  TO  n
IF  n%2=0
   ?n, "是偶数。"
ELSE
   ?n,"是奇数。"
ENDIF
RETURN
```

3. 从键盘上输入任意 3 个数，按由小到大的顺序显示输出这 3 个数，编程并运行。

【程序分析】

本程序包含输入部分、判断 3 个数的大小关系部分和输出部分，其中任意 3 个数由小到大的排列关系有 abc，acb，bac，bca，cab，cba 六种情况。这里 a、b 和 c 为保存 3 个数的变量，从变量本身出发分析问题有两种处理办法：

直接输出由小到大排列好的变量；

交换变量的值，使得某个变量存放较小的值，而另外的变量存放较大的值，然后输出。

【程序清单】

```
CLEAR
INPUT  "数 a="  TO  a
INPUT  "数 b="  TO  b
INPUT  "数 c="  TO  c
IF  a>b
t=a
a=b
b=t
ENDIF
IF  c<a
?c,a,b
ELSE
IF  c>b
```

```
   ?a,b,c
ELSE
   ?a,c,b
ENDIF
ENDIF
RETURN
```

【技巧解析】

上述程序分别使用变量交换使得 a 小于 b，然后用变量 c 分别与 a 和 b 比较大小达到由小到大输出的目的。另外，能不能完全使用直接输出由小到大排列好的变量方法，或者交换变量三次的方法实现程序呢？请考虑。

4. 用 DO CASE …ENDCASE 实现第 3 题，程序如下：

【程序分析】

使用 DO CASE 语句可以实现多种情况，因此分别由 CASE 列出不同的情况也是一种编写程序的方法。

【程序清单】

```
CLEAR
INPUT  "数 a="  TO  a
INPUT  "数 b="  TO  b
INPUT  "数 c="  TO  c
DO  CASE
CASE  a<b  AND  b<c
    ?a,b,c
CASE  a<c  AND  c<b
    ?a,c,b
CASE  b<a  AND  a<c
    ?b,a,c
CASE  b<c  AND  c<a
    ?b,c,a
CASE  c<a  AND  a<b
    ?c,a,b
CASE  c<b  AND  b<a
    ?c,b,a
ENDCASE
RETURN
```

运行本程序 6 次，按照大小不同的次序，均得到由小到大的结果，验证程序是正确的。

实验 6.3　读程序写结果

1.【程序清单】

```
clear
x=7
y=9
if x<y
t=x
x=y
y=t
endif
```

程序运行结果为：

2.【程序清单】

```
SET TALK OFF
USE 学生
```

```
Locate  FOR 姓名="陈燕"
IF NOT EOF()
Copy  TO A1 FOR 姓名="陈燕"
ELSE
   Copy TO A1
ENDIF
USE
SET TALK ON
```

程序的功能为：

实验 6.4　程序改错

程序中的错误行由*标出。

1. 键盘输入 X 值时，求其相应的 Y 值。

$$Y=\begin{cases} -1 & (X<0) \\ 0 & (X=0) \\ 1 & (X>0) \end{cases}$$

注意：不可以增加或删除程序行，也不可以更改程序的结构。

【程序清单】

```
SET TALK OFF
ACCEPT "请输入一个数： " TO X       *
DO WHILE                            *
   CASE  X<0
      Y=-1
   CASE  X=0
      Y=0
   DEFAULT  X>0                     *
      Y=1
ENDCASE
? Y
SET TALK OFF
```

2. 三角形的面积为 *area=sqrt*（*s**（*s-a*）*（*s-b*）*（*s-c*）），其中 *s*=（*a+b+c*）/2，*a*、*b*、*c* 为三角形三条边的长。

【程序清单】

```
SET TALK OFF
clear
input "a=" to a
input "b=" to b
input "c=" to c
do  a+b>c  and a+c>b and b+c>c     *
s=(a+b+c)/2
area=sqrt(s*(s-a)*(s-b)*(s-c))
else
? '不能构成三角形'
endif
? "area=" area                     *
Return
```

【拓展与思考】

1. 简述程序文件的优点。

2. 输入数值型数据应用哪个键盘输入命令？输出数据通常用什么命令？

3. <条件表达式>的值是什么类型？分别是什么？

三、提高性实验

编写程序解决下列问题。

1. 数值计算。由键盘输入任意 3 个数值，计算它们的和、平均值、最大值和最小值，并显示输出相应的结果。运行程序：输入 3 个数 56、65、46，分别写出和、平均值、最大值和最小值是多少。

2. 求解一元二次方程 $ax^2+bx+c=0$ 的实数根。通过键盘输入任意实数 a、b、c，计算判断方程实数根的情况，有根请输出实数根，否则提示无实数根。运行程序：分别计算下列方程，并给出结果（1）$x^2-2x+1=0$，（2）$x^2+2x+3=0$，（3）$x^2-x-6=0$。要求用 IF…ENDIF 语句编写程序。

3. 求解闰年问题。从键盘上输入年份，判断该年是否为闰年。运行程序：分别判断 1800，2000，2008，2009，2012 各是什么年并给出结果。提示：判断某一年份是闰年的方法为年份能被4 整除但不能被 100 整除，或者能被 400 整除。要求用 IF…ENDIF 语句编写程序。

4. 根据学生的入学成绩发放奖学金。要求从键盘输入入学成绩，显示输出相应的奖学金，其中，入学成绩在 600 分以上的且包括 600 分即[600，750），奖学金为 1000 元，入学成绩在[500，600）之间 800 元，入学成绩在[400，500）之间 500 元。要求用 DO CASE…ENDCASE 语句编写程序。

5. 选课问题。程序要求打开"课程"表，用 ACCEPT 命令输入"课程号"作为选课要求，用定位查找命令（LOCATE FOR <条件>）在表中查找"课程号"，用 FOUND()函数作为判断是否找到的条件，找到则输出"你成功地选择了课程：＊＊＊"，否则输出"无此课程！"，之后关闭课程表。要求用 IF…ENDIF 语句编写程序。

実验 **7**

结构化程序设计（二）

一、实验目的

1. 掌握循环结构程序设计的基本方法。
2. 熟悉循环嵌套方法。

二、实验内容

实验 7.1　程序设计

1. 求自然数 1～100 之间能被 3 和 7 整除的数的和并显示结果。

【程序分析】

循环问题解决方案：有规律的数据，由构成循环的初值、终值和循环的增量三部分组成。

（1）初值为有规律的数据的起始值，

（2）终值为数据的终止值，

（3）循环的增量为需要在循环体内部修改的量，他们由一个变量控制。

本程序的含义是从 1 到 100 之间找出能同时被 3 和 7 整除的数，并且求它们的和。因此，解决问题的办法是，从初值 1 开始逐个找出满足条件（能同时被 3 和 7 整除）的数，直到终值 100 为止，并且在找到一个数的同时要把它加到总和中。本程序包含三部分：初值部分、循环找出满足条件的数并加入总和部分以及输出部分。

初值部分：有两个，一是自然数的初值 n=1，二是总和 s=0。

循环判断部分：一是判断自然数能同时被 3 和 7 整除（n%3=0 AND n%7=0），能整除，则加入总和 s=s+n，否则放弃操作；二是调整循环变量的值 n=n+1。

输出部分：输出总和 s。

【程序清单】

```
CLEAR
n=1
s=0
DO  WHILE  n<=100
IF  n%3=0  AND  n%7=0
    s=s+n
ENDIF
n=n+1
ENDDO
?"1-100 能同时被 3 和 7 整除的数之和为",s
RETURN
```

【技巧解析】

循环程序要考虑以下几点，这些是构成循环结构的基本。

循环的初值：如 n=1 或者由输入命令给出；

循环的终值及循环终止条件：如 n<=100（n>100 退出循环）或者.t.。

循环变量的修改：如 n=n+1。

【程序改写】

```
CLEAR
n=1
s=0
DO  WHILE .T.
IF  n%3=0  AND  n%7=0
    s=s+n
ENDIF
IF  n>100
    EXIT
ENDIF
n=n+1
ENDDO
?"1-100 能同时被 3 和 7 整除的数之和为",s
RETURN
```

2. 计算 1×2×3×4×5×6×7×8×9×10 的值。

【程序分析】

本题是关于有规律的数据的计算问题，有能够构成循环的初值、终值和循环的增量。初值为 i=1，终值为 i=10，循环的增量为 i=i+1（该部分要在循环体内部执行）。

下面用两种方法实现该问题。

```
CLEAR
i=1
p=1
DO WHILE i<=10
p=p*i
i=i+1
ENDDO
?"1*2*3…10 =", p
RETURN
```

```
CLEAR
p=1
FOR i=1  TO 10
p=p*i
ENDFOR
?" 1*2*3…10=", p
RETURN
```

3. 模仿秒针显示，即间隔 1 秒分别显示 1，2，3……59，1，2，3……

【程序清单】

```
CLEAR
n=1
DO  WHILE  .T.
WAIT WINDOW STR(n) AT 20,20 TIMEOUT 1
n=n+1
IF  n%60=0
    n=1
ENDIF
ENDDO
RETURN
```

运行结果如图 7-1 所示。

	32				59	

（a）秒针计时到第 32 秒 　　　　　　　（b）秒针计时到第 59 秒

图 7-1　模仿秒计时的情况

【技巧解析】

WAIT　WINDOW　STR（n）　AT 20，20　TIMEOUT 1，该命令在屏幕坐标 20，20 处显示一个窗口，窗口内显示 STR（n）为 n 的字符型值，如图 9-1 所示。TIMEOUT 1 控制显示 STR（n）的值停留 1 秒。

n%60=0 控制满 60 时，重设初值 1。

4. 在印度有一个古老的传说：舍罕王打算奖赏国际象棋的发明人——宰相西萨·班·达依尔。国王问他想要什么，他对国王说：陛下，请您在这张棋盘的第 1 个小格里，赏给我 1 粒麦子，在第 2 个小格里给 2 粒，第 3 小格给 4 粒，以后每一小格都比前一小格加一倍。请您把这样摆满棋盘上所有的 64 格的麦粒，都赏给您的仆人吧！国王觉得这要求太容易满足了，就命令给他这些麦粒。当人们把一袋一袋的麦子搬来开始计数时，国王才发现：就是把全印度甚至全世界的麦粒全拿来，也满足不了那位宰相的要求。那么，宰相要求得到的麦粒到底有多少呢?总数为：$1 + 2 + 4 + 8 + \cdots\cdots + 2^{63}$。

编写循环程序，计算 $1 + 2 + 4 + 8 + \cdots\cdots + 2^{10}$ 的结果。

【程序分析】

本题是关于有规律的数据的计算问题，有能够构成循环的初值、终值和循环的增量。方法一中，初值为 n=0、终值为 n=10、循环的增量为 n=n+1（该部分要在循环体内部执行）。方法二中，初值为 n=1、终值为 2^{10}、循环的增量为 i=i+1（该部分要在 FOR 中修改）。

下面用两种方法计算该问题。

方法 1：
用 DO WHILE 循环编写程序如下。

```
CLEAR
n=0
s=0
DO  WHILE  n<=10
s=s+2^n
n=n+1
ENDDO
?" 1 + 2 + 4+ 8 +… + 210 =",s
RETURN
```

方法 2：
用 FOR 循环编写程序如下。

```
CLEAR
n=1
s=1
FOR  i=1  TO  10
n=n*2
s=s+n
ENDFOR
?" 1 + 2 + 4+ 8 +… + 210=", s
RETURN
```

【技巧解析】

方法 1 中，变量 n 为 2 的幂，2n 为每个象棋格里的麦子数。方法 1 用 FOR 循环编写程序如何? 请读者写出。

方法 2 中，变量 n 为每个象棋格里的麦子数。方法 2 用 DO WHILE 循环编写程序如何? 请读者写出。

5. 输出如下的图形。

```
*
* *
* * *
* * * *
* * * * *
```

【程序清单】
```
CLEAR
FOR  i=1  TO  5          &&控制行数
?                        &&换行
FOR  j=1  TO  i          &&控制列数
    ??"*"                &&不换行输出*
ENDFOR
ENDFOR
```

实验 7.2　读程序写结果

1.【程序清单】
```
CLEAR
STORE 0 TO I,X
DO WHILE I<=10
I = I+1
IF I/2 = INT(I/2)
    X = X+I
ENDIF
ENDDO
?X
RETURN
```
程序运行结果为：

2.【程序清单】

学号	姓名	性别	出生日期	党员否	籍贯	专业	入学成绩	简历	照片
20150101	王丽	女	02/05/95	T	重庆市	临床	498	Memo	Gen
20150201	张丹	女	05/08/95	F	吉林省	护理	477	memo	Gen
20150301	王齐	男	10/09/94	F	辽宁省	精神	498	memo	Gen
20150104	李德刚	男	06/15/95	T	天津市	临床	486	memo	Gen
20150202	王佳香	女	03/20/96	F	黑龙江省	护理	476	memo	Gen
20150102	刘朋强	男	08/26/93	F	黑龙江省	临床	491	memo	Gen
20150302	张亮	男	05/08/95	F	山东省	精神	505	memo	Gen
20150105	刘刚	男	07/12/94	T	吉林省	临床	485	memo	Gen
20150203	陈燕	女	12/19/93	F	黑龙江省	护理	478	memo	Gen
20150103	马天哲	男	02/07/94	F	辽宁省	临床	489	memo	Gen

```
USE 学生
clear
go top
cj=入学成绩
DO WHILE .NOT.EOF()
x=入学成绩
    IF cj<x
        cj=x
        xm=姓名
ENDIF
SKIP
ENDDO
?xm,cj
Use
```
程序运行结果为：

实验 7.3　程序改错

1. 计算出 1 到 50 以内（包含 50）能被 2 和 3 整除的数之和。程序中有两处错误。注意：不可以增加或删除程序行，也不可以更改程序的结构。

【程序清单】

```
STOR 0 TO X,Y
DO WHILE NOT EOF()  *
X=X+1
   DO CASE
     CASE MOD(X,2)=0 AND MOD(X,3)=0
              Y=Y+X
CASE X<=50
              X=X+1        *
            CASE X>50
              EXIT
     ENDCASE
ENDDO
?Y
```

2. 显示输出所有非党员的女学生的姓名和出生日期。

【程序清单】

```
set talk off
clear
USE 课程                    *
SEEK  "群众"
DO  WHILE  EOF()            *
IF  性别="女"
DISP  姓名,出生日期
ENDD                        *
SKIP
ENDDO
USE
SET TALK ON
```

【拓展与思考】

1. DO WHILE 语句结构的初值应在程序的什么位置？
2. FOR 语句结构的初值和终值在语句中的什么位置？
3. 在数据表中循环用什么语句比较方便？写出语句格式。

三、提高性实验

编写程序解决下列问题。

1. 显示输出数列各项：1，4，7，10，13……前 20 项的值。运行程序：写出后三项的结果。要求用 DO WHILE…ENDDO 实现。

2. 计算分数序列：2/1，3/2，5/3，8/5，13/8，21/13……前 20 项之和。运行程序：写出结果。要求用 FOR…ENDFOR 实现。

3. 折纸问题。有一张厚 0.3mm、面积足够大的纸，将它不断对折。问对折多少次后，其厚度可达到珠穆朗玛峰的高度（8844.43 米）？运行程序：写出共对折多少次。

4. 数据表循环查找问题。打开"课程"表，用 ACCEPT 命令从键盘输入课程名称信息，即输入的内容可以是课程名称中具有的文字，然后用 SCAN 数据表循环查询语句在"课程"表中搜索，显示输出该课程信息，之后关闭表文件。运行程序：输入课程名为"解剖"，则输出显示"系统解剖学"和"局部解剖学"两门课程的信息。语句格式如下：

```
SCAN   [ FOR  <条件表达式> ]   [<范围> ]
   <循环体>
ENDSCAN
```

5. 利用循环嵌套输出如下图案：

```
*
* * *
* * * * *
* * * * * * *
```

实验 8
过程与过程调用

一、实验目的

1. 掌握创建过程、过程文件及调用过程的方法。
2. 熟悉全局变量、私有变量和局部变量的作用范围。
3. 熟悉自定义函数的定义和调用方法。

二、实验内容

实验 8.1　程序设计

1. 计算任意自然数的阶乘。要求编写过程计算 N!，在主程序中调用该过程。

【程序分析】

本程序包含主程序和过程两部分。

主程序部分：输入自然数 n，调用计算阶乘的过程计算 n!（在变量 n 中），输出阶乘值 n。

过程部分：完成计算阶乘的任务，并把计算结果放在变量 n 中。

【程序清单】

```
* 主程序 p1.prg
CLEAR
INPUT  "请输入任意自然数:"  TO  n
DO  jc
? "该自然数的阶乘是: ",n

* 过程 jc
PROCEDURE  jc                    && 定义过程语句,过程名为 jc
p=1
FOR  i=1  TO  n
p=p*i
ENDFOR
n=p                              && 计算的阶乘的结果存入 n 中
RETURN
```

运行结果如图 8-1 所示。

2. 编写程序计算 a^2+b^2 的值。要求编写过程计算 a^2+b^2，在主程序中应用参数传递的方法调用该过程。

【程序分析】

本程序包含主程序和过程两部分。

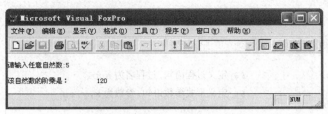

图 8-1　计算任意数的阶乘的运行情况

主程序部分：输入 a 和 b 的值，调用过程计算 a^2+b^2，获得计算结果，输出结果值。

过程部分：完成计算 a^2+b^2 的任务，并把计算结果放在变量 su 中。

【程序清单】

【方法 1】

调用过程，参数 s 按值传递的方法。

```
CLEAR
INPUT  "请输入 a 的值:"  TO  a
INPUT  "请输入 b 的值:"  TO  b
s=0
DO  sub1  WITH  a,b,(s)          && 调用过程语句,调用参数为 a,b,s
?"a=",a
?"b=",b
?"s=",s
RETURN


PROCEDURE  sub1                  && 定义过程语句,过程名为 sub1
PARA  x,y,su                     && 定义形式参数语句,参数为 x,y,su
x=x^2
y=y^2
su=x+y
RETURN
```

运行结果如图 8-2 所示。

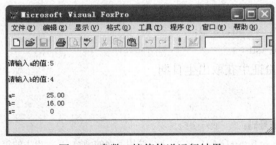

图 8-2　参数 s 按值传递运行结果

【方法 2】

调用过程，参数 s 按引用传递的方法。

```
CLEAR
INPUT  "请输入 a 的值:"  TO  a
INPUT  "请输入 b 的值:"  TO  b
s=0
DO  sub1  WITH  a,b,s           && 调用过程语句,调用参数为 a,b,s
```

```
?"a=",a
?"b=",b
?"s=",s
RETURN
PROCEDURE  sub1                && 定义过程语句,过程名为 sub1
PARA  x,y,su                   && 定义形式参数语句,参数为 x,y,su
x=x^2
y=y^2
su=x+y
RETURN
```

运行结果如图 8-3 所示。

图 8-3   参数 s 按引用传递运行结果

【技巧解析】

【方法 1】

主程序中,调用过程使用变量作为参数,调用返回时,不能将过程中的结果返回给主程序。值的传递流程如下:

调用时,a->x, b->y, s->su, s=0;

返回时,x->a, y->b。

【方法 2】

主程序中,调用过程使用变量作为参数,调用返回时,能将过程中的结果返回给主程序。值的传递流程如下:

调用时,a->x, b->y, s->su, s=0;

返回时,x->a, y->b, su->s。

3. 编写函数:从身份证中获取出生日期。

【程序清单】

```
CLEAR
ACCEPT  "请输入身份证号码: "  TO sfz
?"出生日期:"+sub_ birthday(sfz)          && 调用下面的函数,显示出生的年月日
RETURN
* 自定义函数,函数功能是从身份证号码中提取生日
FUNCTION  sub_ birthday(hm)              && 函数说明语句,参数为 hm,字符型
hmlen=LEN(hm)                            && 统计身份证号码 hm 的长度
DO  CASE
CASE  hmlen=18                           && 考虑身份证号码为 18 位
    s=SUBS(hm,7,8)                       && 从身份证号码第 7 位开始取 8 位字符
birthday=SUBS(s,1,4)+"年"+SUBS(s,5,2)+"月"+SUBS(s,7,2)+"日"
```

```
CASE  hmlen=15                     && 考虑身份证号码为 15 位 (旧身份证)
s=SUBS(hm,7,6)                     && 从身份证号码第 7 位开始取 6 位字符
birthday ="19"+SUBS(s,1,2)+"年"+SUBS(s,3,2)+"月"+SUBS(s,5,2)+"日"
OTHERWISE                          && 考虑身份证号码为其他的输入
birthday ="身份证号码有误！"
ENDCASE
RETURN  birthday                   && 将提取的生日返回到调用处
```

运行结果如图 8-4 所示。

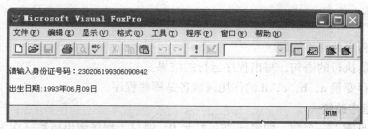

图 8-4　从身份证中读取出生日期运行情况

4. 内存变量的作用范围

（1）公共变量：是在任何模块中都能使用的变量，即它的有效区域是所有程序。

格式：PUBLIC　<内存变量表>

（2）私有变量：是在本模块及其调用模块中有效的变量，凡是没有经过定义的或用 PRIVATE 定义的变量都是私有变量。

格式：PRIVATE　<内存变量表>

（3）局部变量：是有效区域只限于定义它的模块的变量。

格式：LOCAL　<内存变量表>

实验 8.2　读程序写结果

【程序清单】

```
*运行下面程序,分析变量的作用范围。
*主程序 p4.prg
CLEAR
DO  sub41
? "p4: a=",a
? "p4: b=",b
? "p4: c=",c
? "p4: d=",d
RETU
PROCEDURE  sub41
PUBLIC  a
PRIVATE  b
LOCAL   c
a=1
b=2
c=3
d=4
? "sub41: a=",a
```

```
? "sub41: b=",b
? "sub41: c=",c
? "sub41: d=",d
DO sub42
RETURN
PROCEDURE  sub42
? "sub42: a=",a
? sub42: b=",b
? "sub42: c=",c
? "sub42: d=",d
RETURN
```

运行上面的程序并回答问题。

（1）删除不能执行的语句，写出程序运行的结果。

（2）写出内存变量 a，b，c，d 的作用区域各是哪些程序。

实验 8.3　程序改错

题目：从键盘输入一个数，如果该数字大于 0，通过子程序输出该数字作为半径的圆面积；如果该数字小于等于 0，则输出"不能作为圆的半径"。

【程序清单】

```
SET TALK OFF
INPUT  TO  m
? FUN(m)
RETURN
FUNCTION FUN                        *
IF a>0
    s=a*a*3.14
ELSE
    s=" 不能作为圆的半径"
ENDIF
RETURN                              *
```

【拓展与思考】

1. 定义过程（函数）的起始语句是什么？其如何定义参数？

2. 过程（函数）如何返回结果？

3. VFP 中根据作用域不同，内存变量有哪几类？

三、提高性实验

编写程序解决下列问题。

1. 计算 3!*（8!-6!）的值。要求利用过程调用方法实现，过程为计算 n!。运行程序，写出结果值。

2. 计算任意圆的面积和球的体积。要求编写两个函数计算圆的面积和球的体积，在主程序中输入圆的半径，调用上述两个函数计算并输出结果。运行程序：求半径为 5 和 10 的圆的面积和球的体积，写出结果。

3. 利用过程或者自定义函数的方法，求组合数 $C_n^m = \dfrac{n!}{m!(n-m)!}$ 的值。运行程序：写出 n=10，m=8 的结果。

实验 9
综合程序设计

一、实验目的

1. 掌握数值计算类、字符处理类程序的设计方法。
2. 熟练地运用学过的程序设计方法，编写程序，解决实际问题。

二、实验内容

实验 9.1　程序设计

1. 统计字符串中的字符数。文本中的字符串是由大写字母、小写字母、数字符号和标点符号等不同字符构成的。在程序中把文本存储在字符串中，然后分别统计出字符串中各种字符的个数并输出。计算机中的所有字符都是以 ASCII 码的形式保存在计算机中的。每一个 ASCII 码在内存中占据一个字节（八位二进制）。ASCII 码与十进制数相对应的序号如表 9-1 所示。

表 9-1　　　　　　　　　　　　　ASCII 码与十进制对照表

十进制	字符	十进制	字符	十进制	字符	十进制	字符	十进制	字符	十进制	字符
0	NUT	22	SYN	44	,	66	B	88	X	110	N
1	SOH	23	TB	45	-	67	C	89	Y	111	O
2	STX	24	CAN	46	.	68	D	90	Z	112	P
3	ETX	25	EM	47	/	69	E	91	[	113	Q
4	EOT	26	SUB	48	0	70	F	92	\	114	R
5	ENQ	27	ESC	49	1	71	G	93	]	115	S
6	ACK	28	FS	50	2	72	H	94	^	116	T
7	BEL	29	GS	51	3	73	I	95	_	117	U
8	BS	30	RS	52	4	74	J	96	'	118	V
9	HT	31	US	53	5	75	K	97	A	119	W
10	LF	32	(Space)	54	6	76	L	98	B	120	X
11	VT	33	!	55	7	77	M	99	C	121	Y
12	FF	34	"	56	8	78	N	100	D	122	Z
13	CR(回车)	35	#	57	9	79	O	101	E	123	{
14	SO	36	$	58	:	80	P	102	F	124	|
15	SI	37	%	59	;	81	Q	103	G	125	}
16	DLE	38	&	60	<	82	R	104	H	126	~
17	DC1	39	`	61	=	83	S	105	I	127	DEL
18	DC2	40	(	62	>	84	T	106	J		
19	DC3	41	)	63	?	85	U	107	K		
20	DC4	42	*	64	@	86	V	108	L		
21	NAK	43	+	65	A	87	W	109	M		

【程序分析】

字符与整型变量是等同的，这就很容易把字符与整型变量联系起来，通过序号的比较可以判断这些字符的种类。从表 9-1 可知，字符与十进制序号的分布可以总结成下面的 4 类。

48～57：数字字符

65～90：大写字母

97～122：小写字母

其他字符：特殊符号或标点符号

【程序清单】

```
CLEAR
ACCEPT  "请输入一串字符,回车结束!"  TO  s        && 输入一个字符串
mm=LEN(s)                                          && 计算字符串的长度
num=0                                              && 统计数字字符个数
uper=0                                             && 统计大写字母个数
low=0                                              && 统计小写字母个数
marks=0                                            && 统计特殊符号个数
FOR  i=1 TO  mm                                    && 循环访问字符串中的每一个字符
c=SUBS(s,i,1)                                      && 从字符串中截取一个字符
DO  CASE                                           && 分情况判断字符的种类
CASE (ASC(c)<=57 AND ASC(c)>=48)                  && 判断是否是数字
    num=num+1                                      && 数字计数加 1
CASE (ASC(c)<=90 AND ASC(c)>=65)                  && 判断是否是大写字母
    uper=uper+1                                    && 大写字母计数加 1
CASE (ASC(c)<=122 AND ASC(c)>=97)                 && 判断是否是小写字母
    low=low+1                                      && 小写字母计数加 1
OTHERWISE
    marks=marks+1                                  && 其他特殊字符数加 1
ENDCASE
ENDFOR
?" 总 字 符 数:",mm
?" 大写字符数 :",uper
?" 小写字符数 :",low
?" 数字字符数 :",num
?" 其他字符数 :",marks
RETURN
```

运行结果如图 9-1 所示。

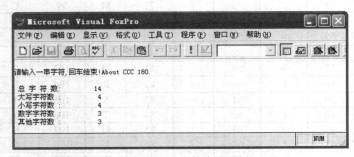

图 9-1　统计字符串中不同字符数的运行情况

【技巧解析】

（1）访问字符串 s 中字符的方法为：首先循环计算 s 的长度值，然后从 1 循环到 s 的长度值，每次取出一个字符进行判断。

（2）取字符函数 SUBS（s，i，1）表示：从 s 中第 i 个字符取 1 个长度。

（3）分类判断有多种情况，用语句 DO CASE…ENDCASE。

（4）函数 ASC()将字符转换为十进制数值，括号中参数为字符型，转换结果为数值型。

2. 百钱买百鸡问题。我国古代数学家张丘建在《算经》中出了一道题"鸡翁（公鸡）一，值钱五；鸡母（母鸡）一，值钱三；鸡雏（小鸡）三，值钱一。百钱买百鸡，问鸡翁、鸡母、鸡雏各几何？"

【程序分析】

用穷举法解答此题。假设 x，y，z 分别为鸡翁、鸡母和鸡雏的只数，以题意可以得到联立方程组如下：

$x+y+z=100$　　　　　（1）三种鸡的数量总数为 100 只；

$5x+3y+z/3=100$　　　（2）三种鸡价格的总和为 100 元。

三个未知数，只有二个方程式，所以 x，y，z 可能有多组解，因此，可用穷举法，列出 x，y，z 可能满足要求的组合，最后把符合上述两方程的 x，y，z 判断出来。

【方法 1】

采用穷举法。用穷举法解题，就是按照某种方式列举问题答案的过程。针对问题的数据类型而言，常用的列举方法有如下三种。

（1）顺序列举。是指答案范围内的各种情况很容易与自然数对应甚至就是自然数，可以按自然数的变化顺序去列举。

（2）排列列举。有时答案的数据形式是一组数的排列，列举出所有答案所在范围内的排列为排列列举。

（3）组合列举。当答案的数据形式为一些元素的组合时，往往需要用组合列举。组合是无序的。

【程序清单】

```
CLEAR
* x,y,z 定义公鸡、母鸡和雏鸡的未知数
FOR  x=1  TO  100                           && 控制循环的三个表达式
FOR  y=1  TO  100
   FOR  z=1  TO  100
      IF (15*x+9*y+z==300) AND  x+y+z=100    && 方程表达式,求整,将各系数扩大 3 倍
         ?x,y,z                              && 输出各种满足条件的组合
      ENDIF
   ENDFOR
ENDFOR
ENDFOR
RETURN
```

【方法 2】

假设 x，y 的值已知，那么由方程（1）可求出 z 的值来，而 x，y 的值只可能在 0～100 的范围之内。所以可以用二重循环来组合它们，每个 x 和 y 的组合都对应一个 z 值，若 x，y，z 的值满足第二个方程式（2），则 x，y，z 满足要求。将三重循环变成二重循环，减少计算机的

执行次数。

【程序清单】
```
CLEAR
* x,y,z 定义公鸡、母鸡和雏鸡的未知数
FOR  x=1  TO  100              && 控制循环的三个表达式
FOR  y=1  TO  100
   z=100-x-y
   IF (15*x+9*y+z=300)         && 方程表达式,求整,将各系数扩大 3 倍
      ?x,y,z                   && 输出各种满足条件的组合
   ENDIF
ENDFOR
ENDFOR
RETURN
```

【方法 3】

但是这样还是有个问题,如果 n=100 的话,那么循环的次数太多了,最里面的那个循环要循环 100*100 次,这样会影响到速度。所以我们还要看看题目,公鸡是 5 元 1 只,那么我们不可能用 n 元买到 n 只,我们最多只能买 n/5 只,母鸡呢我们最多只能买 n/3 只,而小鸡的只数又与公鸡和母鸡有关,这样我们的循环就节省多了。修改后的代码如下。

【程序清单】
```
CLEAR
* x,y,z 定义公鸡、母鸡和雏鸡的未知数
FOR  x=1  TO  20              && 控制循环的三个表达式
FOR  y=1  TO  33
   z=100-x-y
   IF (15*x+9*y+z=300)        && 方程表达式,求整,将各系数扩大 3 倍
      ?x,y,z                  && 输出各种满足条件的组合
   ENDIF
ENDFOR
ENDFOR
RETURN
```

3. 打印数字图形。(你能找出两个图形的差别及程序中的差别吗?)

```
CLEAR                         CLEAR
FOR i=1 TO 9                  FOR i=1 TO 9
?                            ?
FOR j=1 TO i                  FOR j=1 TO i
??STR(i,1)                    ??STR(j,1)+SPACE(1)
ENDFOR                        ENDFOR
ENDFOR                        ENDFOR
RETURN                        RETURN
```

图形如下:

1	1
22	1 2
333	1 2 3
4444	1 2 3 4
55555	1 2 3 4 5
666666	1 2 3 4 5 6

7777777	1 2 3 4 5 6 7
88888888	1 2 3 4 5 6 7 8
999999999	1 2 3 4 5 6 7 8 9

【技巧解析】

?是换行输出，??不换行输出。

函数 STR（i，1）是将数值型变量 i 的值转换成字符，宽度为 1 位。

【拓展与思考】

1. 什么是结构化程序设计？

2. Visual FoxPro 程序设计中常用的 3 种基本控制结构是什么？

3. 调试跟踪程序的执行过程用什么工具？

三、提高性实验

编写程序解决下列问题。

1. 数值计算。打印出所有的"水仙花数"，所谓"水仙花数"是指一个三位数，其各位数字的立方和等于该数本身。例如：153 是一个"水仙花数"，因为 153=13 + 53 + 33。运行程序：列出所有的水仙花数。

2. 字符处理。输入一字符串（不含汉字），分别统计大写字母、小写字母和数字的个数，并且倒序输出。运行程序。

输入：Good 888

输出：888 dooG

　　大写字母：1

小写字母：3

数字个数：3

3. 打印九九乘法表。（要求用 FOR 循环语句实现）

4. 利用过程或者自定义函数的方法计算：∠AOB 的 OA 边上除顶点 O 外有 50 个点，在 OB 边上有 40 个点，由这些点（包括 O）能组成多少个四边形？能组成多少个三角形？（答案：有 955500 个四边形，有 90000 个三角形）

一、实验目的

1. 掌握表单、标签、文本框、编辑框、组合框、表格、计时器、微调、命令按钮和命令按钮组、复选框、选项按钮组、列表框等常用控件的属性设置方法。

2. 熟悉事件代码的编写方法。

二、实验内容

1. 设计一个累加计数器表单，可以计算输入数据的最大值、最小值、个数、总和与平均值，表单编辑界面如图 10-1 所示，表单运行界面如图 10-2 所示。

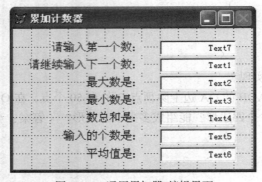

图 10-1　"通用累加器"编辑界面

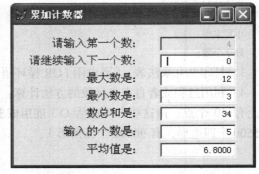

图 10-2　"通用累加器"运行界面

【操作步骤】

（1）新建一个空白表单，在表单上放置 7 个标签控件和 7 个文本框控件。

（2）设置控件属性值如表 10-1 所示。

表 10-1　　　　　　　　　　　　　　标签的属性设置

控件	Caption	FontSize	ForeColor	FontName
Label1	请输入第一个数：	10	0，0，255	楷体
Label2	请继续输入下一个数：	10	0，0，255	楷体
Label3	您输入的最大数是：	10	0，0，0	楷体
Label4	您输入的最小数是：	10	0，0，0	楷体

续表

控件	Caption	FontSize	ForeColor	FontName
Label5	数总和是：	10	0，0，0	楷体
Label6	您输入的个数是：	10	0，0，0	楷体
Label7	数的平均值是：	10	0，0，0	楷体

文本框 text1～text7 的 value 属性为 0，表单 form1 的 caption 属性为"累加计数器"。

（3）表单布局如图 10-1 所示。

（4）编写程序代码。

① 在表单的 Init 事件中编写代码如下：

```
thisform.text7.setfocus
```

② 在文本框 text7 的 Lostfocus 事件中编写代码如下：

```
thisform.text2.value=this.value    &&设置最大值为输入的第一个数
thisform.text3.value=this.value    &&设置最小值为输入的第一个数
thisform.text4.value=this.value    &&设置所有数为输入的第一个数
thisform.text5.value=1             &&设置个数为一个数
thisform.text6.value=this.value    &&设置平均值为输入的第一个数
```

③ 在文本框 text1 的 Lostfocus 事件中编写代码如下：

```
thisform.text7.enabled=.f.
if  thisform.text2.value<thisform.text1.value
    thisform.text2.value=thisform.text1.value
endif
if  thisform.text3.value>thisform.text1.value
    thisform.text3.value=thisform.text1.value
endif
*计算输入数据总和
thisform.text4.value=thisform.text4.value+thisform.text1.value
thisform.text5.value=thisform.text5.value+1
*计算输入数据的平均值
thisform.text6.value=thisform.text4.value/thisform.text5.value
thisform.text1.value=0
```

④ 在文本框 text2 的 Gotfocus 事件中编写代码如下：

```
thisform.text1.setfocus    &&将光标置回 text1 文本框
```

2. 设计一个四则运算的表单，表单的设计界面如图 10-3 所示，表单的运行界面如图 10-4 所示。

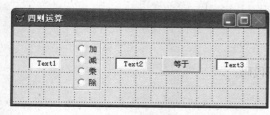

图 10-3　表单设计界面

图 10-4　表单运行界面

【操作步骤】

（1）新建一个表单，在表单上创建 1 个选项按钮组控件 Optiongroup1（ ）、3 个文本框控件、

1 个命令按钮控件。

（2）设置各控件的属性。表单和命令按钮的 Caption 属性如图 10-3 所示，3 个文本框的 Value 属性设为 0，选项按钮组的设置可以利用选项按钮组生成器来实现。

（3）编写代码。

在"等于"命令按钮的 Click 事件中输入如下代码：

```
do case
case thisform.optiongroup1.value=1
    thisform.text3.value=thisform.text1.value+thisform.text2.value
case thisform.optiongroup1.value=2
    thisform.text3.value=thisform.text1.value-thisform.text2.value
case thisform.optiongroup1.value=3
    thisform.text3.value=thisform.text1.value*thisform.text2.value
case thisform.optiongroup1.value=4
    thisform.text3.value=thisform.text1.value/thisform.text2.value
endcase
```

（4）保存并运行表单。

3．设计一个类似于 QQ 登录的界面，如图 10-5 所示。当选择"显示密码"复选框时，显示密码内容，否则密码内容用"*"显示。

图 10-5　QQ 登录界面

【操作步骤】

（1）新建一个空白表单，表单的 Caption 属性设置为"QQ 登录界面"，表单的背景 Picture 属性设置为"qq 登录界面.jpg"，注意"qq 登录界面.jpg"图片所在的位置。在表单上放置 2 个文本框控件 text1 和 text2、1 个复选框控件 check1（☑），复选框的 Caption 属性设置为"显示密码"，backstyle 属性设置为"0-透明"。

（2）调整表单的布局，如图 10-5 所示。

（3）编写程序。

在复选框 check1 控件的 click 事件中输入如下代码：

```
if this.value=1
    thisform.text2.passwordchar=""
else
    thisform.text2.passwordchar="*"
endif
```

（4）保存并运行表单。

4. 设计"计时器控件实例"表单，让表单上的文字"移动的字幕"从右到左水平循环移动，可通过命令按钮控制开始和停止，如图 10-6、图 10-7 所示。

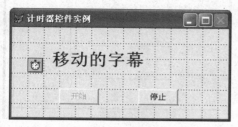

图 10-6　编辑状态　　　　　　　　　　　　图 10-7　运行状态

【操作步骤】

（1）新建表单。

（2）添加标签控件 Label1，命令按钮控件 Command1、Command2 及计时器控件 Timer1（ ⏲ ）。

（3）在"属性窗口"设置表单、标签和计时器控件的属性，主要属性如表 10-2 所示。

表 10-2　　　　　　　　　　　　　　控件主要属性设置表

属性名称	Form1	Label1	Timer1	Command1	Command2
Caption	计时器控件实例	移动的字幕	—	开始	停止
Interval	—	—	50	—	—
Enabled	—	—	.F.	—	—
FontSize	—	18	—	—	—
FontBold	—	.T.	—	—	—

（4）在计时器 Timer1 控件的 Timer 事件中输入如下代码：

```
if thisform.label1.left>- thisform.label1.width
   thisform.label1.left=thisform.label1.left-2
else
   thisform.label1.left=thisform.width
endif
```

在 Command1 的 Click 事件中输入如下代码：

```
thisform.timer1.enabled=.t.
thisform.command2.enabled=.t.
this.enabled=.f.
```

在 Command2 的 Click 事件中输入如下代码：

```
thisform.timer1.enabled=.f.
thisform.command1.enabled=.t.
this.enabled=.f.
```

（5）保存并运行表单。

5. 设计一个页框控件表单，页框包括图片页和长方体页，如图 10-8、图 10-9 所示。

【操作步骤】

（1）新建一空白表单，放置页框控件 pageframe1（ ▭ ），默认是 2 页，在 Pageframe1 上单击鼠标右击，选择"编辑"，此时页框处于编辑状态。选择第一页，把 caption 属性设置成"图片"；选择第二页，把 caption 属性设置成"长方体"。

图 10-8　页框中"图片"界面

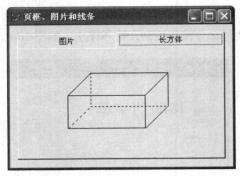

图 10-9　页框中"长方体"界面

（2）在第一页中添加一个图像控件 image1（圖），调整适当大小，把 stretch 属性设置成"2-变比填充"，把 picture 属性设置成"背景图片.jpg"。

（3）在第二页中利用线条控件（＼）手工绘制一个长方体，通过 borderstyle 属性可以设置线条是实线还是点线，通过 lineslant 属性可以设置斜线的方向。

（4）保存并运行表单。

6. 设计一个利用微调控件来改变形状控件的曲率的表单，如图 10-10 所示。

图 10-10　微调形状控件表单

【操作步骤】

（1）新建一个空白表单，放置一个形状控件 shape1（囗）和一个微调控件 spinner1（圖）。

（2）设置控件的属性。把 shape1 的 backcolor 属性设置成"255，0，255"；微调控件 spinner1 的 spinnerlowvalue 属性和 keyboardlowvalue 属性设置成"1"，spinnerhighvalue 属性和 keyboardhighvalue 属性设置成"99"，Value 属性设置成"1"。

（3）编写代码。

在微调控件 spinner1 的 interactivechange 事件中输入如下代码：

```
thisform.shape1.curvature=this.value
```

（4）保存并运行表单。

实验 11
表单设计（二）

一、实验目的

1. 利用表单完成一些综合性设计。
2. 熟悉事件代码的编写方法和表单的设计方法。

二、实验内容

1. 设计一表单，如图 11-1 所示。表单内包含 2 个标签（Label1、Label2），2 个文本框（Text1、Text2），2 个命令按钮（Command1、Command2）和一个表格（Grid1）。

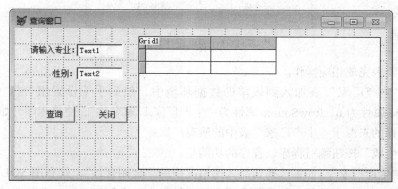

图 11-1　表单设计界面

请按下面要求完成相应操作。

（1）通过"属性"窗口，将表单的标题属性设置为"查询窗口"，将表格"Grid1"的 RecordSourceType 属性值设置为"4-SQL 说明"。

（2）单击"查询"按钮，完成如下功能。

从"学生"表里查询满足所输入"性别"信息的记录，结果并在表格"Grid1"中显示出来，结果包括学号、性别、专业、籍贯、入学成绩，并按入学成绩降序排列，如图 11-2 所示。

（3）单击"关闭"按钮，释放并关闭表单。

2. 建立一个文件名和表单名均为"myform"的表单，表单中包括两个标签（Label1 和 Label2）、一个选项按钮组（Optiongroup1）、一个组合框（Combo1）和两个命令按钮（Command1 和 Command2）。Label1 和 Label2 的标题分别为"生产厂家"和"药品入库情况"。选项按钮组

（Optiongroup1）中包含两个选项按钮 Option1 和 Option2，标题分别为"金额合计"和"药品明细"。Command1 和 Command2 的标题分别为"生成"和"退出"。设计界面如图 11-3 所示。

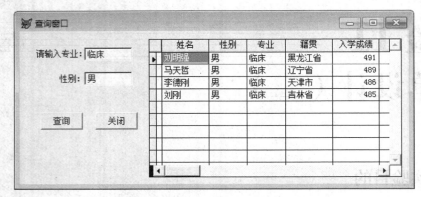

图 11-2　运行界面

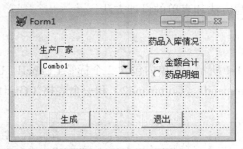

图 11-3　表单设计界面

请按下面要求完成相应操作。

（1）将"生产厂家"表加入到表单的数据环境中，然后手工设置组合框（Combo1）的 RowSourceType 属性为 6，RowSource 属性为"生产厂家.厂家名称"，使得程序开始运行时，组合框中有可供选择的来源于"生产厂家"表中的所有厂家。

（2）为"生成"按钮编写程序。程序的功能是：

① 选择"生产厂家"，如果选择药品入库情况中的"金额合计"，则利用 SQL 语句求出药品入库表中该生产厂家生产的所有药品的金额合计。结果中包含厂家名称、金额合计，结果存入自由表"one"中。

② 选择"生产厂家"，如果选择药品入库情况中的"药品明细"，则利用 SQL 语句求出该生产厂家所生产的药品的入库数量。结果存入自由表"two"中。表中包含"厂家名称"、"药品名称"、"规格"、"单位"、"数量"、"有效日期"6 个字段。

（3）为"退出"命令按钮编写程序，程序的功能是释放并关闭表单。

表单的运行结果如图 11-4、图 11-5 所示。

【提示】

本题中用到的表有"生产厂家"表、"药品"表和"药品入库表"。

参考程序：

```
DO case
CASE thisform.optiongroup1.value=1
    SELECT a.厂家名称,sum(b.金额) as 金额合计 from 生产厂家 a,药品入库表 b;
```

```
      where a.生产厂家号=b.生产厂家号 and 厂家名称=thisform.combo1.value;
      into table one
CASE thisform.optiongroup1.value=2
      SELECT a.厂家名称,c.药品名称,c.规格,c.单位,b.数量,b.有效日期;
      from 生产厂家 a,药品入库表 b,药品 c;
      where a.生产厂家号=b.生产厂家号 and b.药品号=c.药品号 and 厂家名称=thisform.combo1.value;
      into table two
ENDCASE
```

图 11-4　选择"金额合计"后运行的结果

图 11-5　选择"药品明细"后运行的结果

【拓展与思考】

（1）上题②中如何求不同药品的数量合计？结果中包含"厂家名称"、"药品名称"、"规格"、"单位"、"数量合计"5 个字段。

（2）将结果保存到所选择的"生产厂家"+"药品入库情况"为表名的自由表中，如何实现？

例如，图 11-4 中保存的自由表名称为"滨药制药有限公司金额合计"表，图 11-5 中保存的自由表名称为"北平制药有限公司药品明细"表。

3. 创建一个新类 MyCheckBox，该类扩展 Visual Foxpro 的 CheckBox 基类，新类保存在 Myclasslib 类库中。在新类中将 Value 属性设置为 1，Caption 属性设置为"MyCheckBox"。新建一个表单"MyForm"，然后在表单中添加一个基于新类 MyCheckBox 的复选框，如图 11-6 所示。

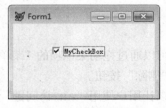

图 11-6　表单运行界面

一、实验目的

1. 掌握设计下拉式菜单的方法。
2. 掌握设计快捷菜单的方法。

二、实验内容

实验 12.1　设计下拉式菜单系统

利用菜单设计器，建立"学生成绩管理系统"下拉式菜单系统，菜单结构如表 12-1 所示。

表 12-1　　　　　　　　　　　　　　"学生成绩管理系统"系统的菜单结构

基本信息录入（I）	课程管理（M）	信息查询（Q）	信息打印（P）	退出（X）
学生信息 Ctrl+S	学生选课	学生基本信息	学生名册	版权信息
课程信息	成绩录入 Ctrl+I	学生成绩	成绩单	退出系统
教师信息		学生选课	成绩分析报表	
教师授课		教师授课	考试证	

【操作步骤】

（1）单击"文件"|"新建"命令或常用工具栏上的"新建"按钮，在出现的"新建"对话框中，选择文件类型为"菜单"，然后单击"新建文件"按钮，打开"菜单设计器"窗口。

（2）设置菜单栏。

在"菜单设计器"中，单击"插入"按钮，自动插入一条新的菜单项，在"菜单名称"栏中修改为"基本信息录入（\<I）"，在"结果"栏选择默认选项"子菜单"，重复上述操作，完成菜单栏的定义，如图 12-1 所示。

【提示】

● 如果调整菜单项的顺序，可以通过拖动菜单项的"菜单名称"前的滑块实现。如果删除某菜单项，需先选择该菜单项后按"删除"按钮。

● 为菜单项设置访问键，可以让用户使用"Alt+访问键"方法访问此菜单。设置访问键的方法是在指定菜单名称时，在要作为访问键的字母前加上"\<"两个字母。预览或运行菜单时，该字母下方出现下划线。

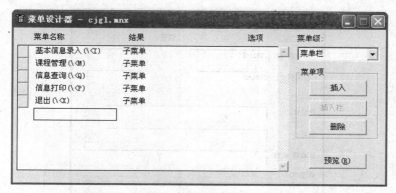

图 12-1　定义"学生成绩管理系统"的菜单栏

（3）添加子菜单。

选择"基本信息录入"菜单项，单击"结果"列上的"创建"按钮，使设计器切换到子菜单页，然后插入菜单项，设置各菜单项名称，如图 12-2 所示。从"菜单级"列表框中选择"菜单栏"，返回到主菜单页，用相同方法创建其他子菜单。

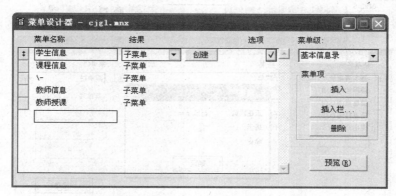

图 12-2　"基本信息录入"子菜单定义

【提示】

● 在"菜单名称"中输入"\-"，则在菜单中该菜单项的位置处出现一条分界线，使菜单分组显示。

● 为"学生信息"菜单项设置热键 Ctrl+S 的操作是：单击"学生信息"菜单项对应的"选项"按钮，在弹出的"提示选项"对话框中，先用鼠标单击"键标签"后的编辑框，然后按 Ctrl+S 组合键，如图 12-3 所示。

（4）预览菜单。

单击"菜单设计器"右下角的"预览"按钮，VFP 系统菜单栏会显示当前定义的菜单效果，如图 12-4 所示。

（5）指定菜单项任务。

可以利用命令或过程为菜单项指定任务。进入"基本信息录入"子菜单，选择"学生信息"菜单项，在"结果"框中选择"命令"选项，在右边出现的文本框中添加相应的 VFP 命令，其他菜单项类似定义，定义后如图 12-5 所示。

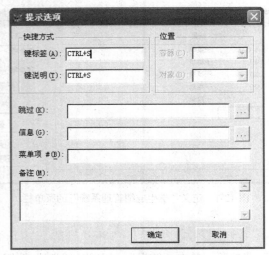

图 12-3 设置快捷键

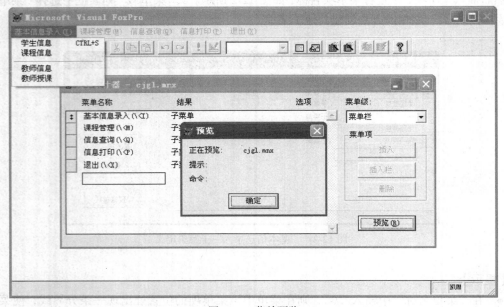

图 12-4 菜单预览

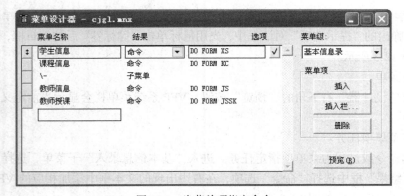

图 12-5 为菜单项指定命令

进入"退出"子菜单，选择"退出"菜单项，在"结果"框中选择"过程"选项，右边出现"创建"按钮，如果已经创建过则为"编辑"按钮，单击该按钮，进入过程编辑器，编写"退出"系统代码，如图 12-6 所示。

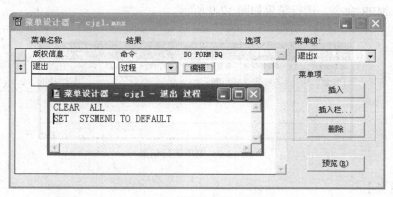

图 12-6　为菜单项指定过程

其他子菜单参照上述方法指定菜单项任务，其中，"信息打印"子菜单定义如图 12-7 所示。

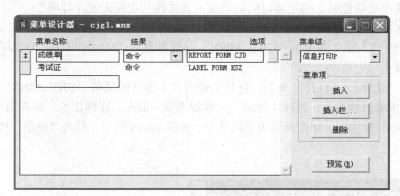

图 12-7　"信息打印"子菜单定义

（6）保存菜单。

执行"文件"|"保存"命令，菜单定义保存在"CLGL.MNX"和"CLGL.MNT"两个文件中。

（7）生成菜单程序。

执行"菜单"|"生成"命令，在弹出的"生成菜单"对话框中确定菜单程序保存的位置和文件名，如图 12-8 所示，然后按"生成"按钮。生成完成后，在 D:\CJGL 目录下生成"cjgl.mpr"菜单程序文件。

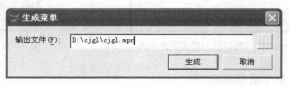

图 12-8　"生成菜单"对话框

【提示】

● 生成菜单程序命令必须在"菜单设计器"打开状态下执行。

- 如果对扩展名为.mnx 的菜单文件进行了修改，需要重新进行菜单生成。

（8）执行菜单程序。

执行"程序"|"运行"命令，然后选择菜单程序文件"CJGL.MPR"，或在命令窗口执行 DO D:\CJGL\CJGL.MPR 命令。运行结果如图 12-9 所示。

图 12-9　菜单运行结果

【拓展与思考】

1. 利用菜单设计器设计之后保存的菜单文件扩展名是什么？生成的菜单程序文件扩展名是什么？运行菜单程序后，会出现什么扩展名的同名文件？

2. 指定菜单项功能时，指定运行的表单或报表文件一定要先建立好吗？

实验 12.2　设计表单菜单

将上面实验 12.1 建立的菜单"CJGL.MNX"设置为表单"MAIN.SCX"的顶层菜单。

【操作步骤】

（1）执行"文件"|"打开"命令，打开实验内容 1 建立的菜单"CJGL.MNX"。

（2）在菜单编辑状态下，选择"显示"|"常规选项"命令，在弹出的"常规选项"对话框中，选择"顶层表单"复选框，创建顶层表单的菜单，如图 12-10 所示，单击"确定"按钮，返回"菜单设计器"。

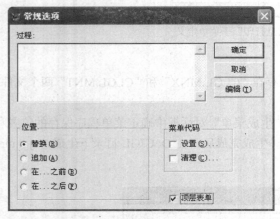

图 12-10　利用"常规选项"对话框设置顶层表单图

图 12-11　顶层表单属性设置

（3）保存菜单并重新生成菜单程序。

（4）打开需要添加菜单的"MAIN.SCX"表单。

（5）设置表单的 ShowWindow 属性为"2-作为顶层表单"，如图 12-11 所示。

（6）在表单的 Init 事件中，添加调用菜单程序的命令，如图 12-12 所示。

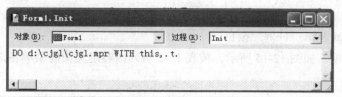

图 12-12　顶层表单 Init 事件

（7）保存并运行表单，运行界面如图 12-13 所示。

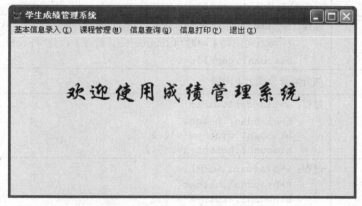

图 12-13　表单顶层菜单运行界面

【拓展与思考】

1. 菜单设置为顶层表单的菜单后，能否在命令窗口使用 DO <菜单程序名>.MPR 命令运行该菜单程序？

2. 如何将你所设计的菜单附加在指定的表单上？

实验 12.3　设计快捷菜单

1. 为表单"biaodan1"建立一个快捷菜单"kjcd"菜单选项包括日期、时间、变大和变小，时间与变大之间有分隔线，如图 12-14 所示。选中日期或时间时，表单标题将变成当前日期或时间；选中变大或变小选项时，表单大小将放大或缩小百分之二十。

图 12-14　表单的快捷菜单

【操作步骤】

（1）打开"快捷菜单设计器"窗口。

（2）添加菜单项，如图 12-15 所示，按表 12-2 所列内容定义快捷菜单各选项内容。

表 12- 2   选项的名称和结果

菜单名称	结果
日期	过程: s=dtoc(date(),1) t=left(s,4)+'年'+substr(s,5,2)+'月'+right(s,2)+'日' biaodan1.caption=t
时间	过程: s=time() t=left(s,2)+'时'+substr(s,4,2)+'分'+right(s,2)+'秒' biaodan1.caption=t
\-	加分隔线分成上下两组
变大	过程: w=biaodan1.width h=biaodan1.height biaodan1.width=w+w*0.2 biaodan1.height=h+h*0.2
变小	过程: w=biaodan1.width h=biaodan1.height biaodan1.width=w-w*0.2 biaodan1.height=h-h*0.2

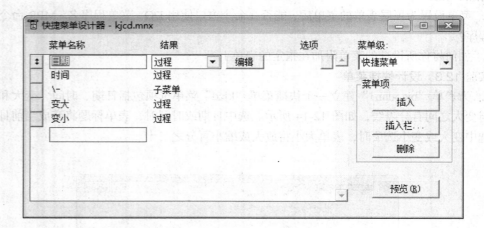

图 12-15 快捷菜单的菜单项

（3）保存菜单"KJCD.MNX"，生成菜单程序文件"KJCD.MPR"。

（4）打开表单"biaodan1.SCX"，在对象 form1 的 RightClick 事件中输入代码，如图 12-16 所示。

（5）保存表单，并运行表单。右键单击表单时，弹出定义的快捷菜单，可以对表单进行相关操作，表单界面如图 12-17 所示。

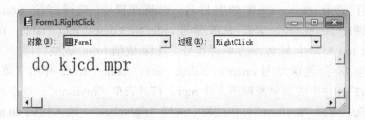

图 12-16　代码窗口

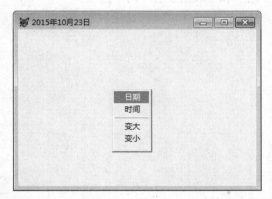

图 12-17　快捷菜单应用窗口

2.　建立一个如图 12-8 所示的快捷菜单"mynemu1"，该快捷菜单有两个选项："取前 3 名"和"取前 5 名"。分别为他们建立过程，使得程序运行时，单击"取前 3 名"选项的功能是根据"学生"表、"选课"表统计各门课程成绩前 3 名（最高）的系的信息并存入表"three"中，表中包括课程号、成绩、姓名三个字段；单击"取前 5 名"功能与"取前 3 名"类似，结果存入"five"中，"five"表中字段和排序方法与"three"相同。

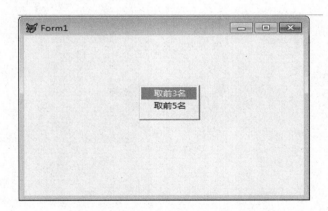

图 12-18　快捷菜单应用窗口

【解题思路】

首先建立表单，再建立快捷菜单，并生成相应的 mpr 文件，然后在表单中调用快捷菜单。具体方法：在文件菜单中选择"新建"，在"新建"对话框中选择"表单"，单击"新建文件"按钮，选择"快捷菜单"，在菜单设计器中输入两个菜单项"取前 3 名"和"取前 5 名"，结果均为过程，

"取前 3 名"过程代码为 select top 3 学生.姓名，选课.课程号，选课.成绩 from 成绩管理!学生 inner join 成绩管理!选课 on 学生.学号=选课.学号 order by 3 desc into table three，"取前 5 名"过程代码为 select top 5 学生.姓名，选课.课程号，选课.成绩 from 成绩管理!学生 inner join 成绩管理!选课 on 学生.学号=选课.学号 order by 3 desc into table five，单击"菜单生成"，按提示保存为"mymenu2"，并生成菜单源程序文件 mpr。打开表单"myform"，双击表单设计器，打开代码窗口，在对象中选择"myform"，在过程中选择"rightclick"，输入代码 do mymenu2.mpr，保存表单为"myform"。

运行表单，调出快捷菜单，分别执行"取前 3 名"和"取前 5 名"两个选项。

实验 13 报表设计

一、实验目的

1. 掌握使用报表向导和报表设计器设计报表的方法。
2. 掌握创建分组报表和分栏报表的方法。

二、实验内容

实验 13.1　使用报表向导建立报表"学生名册.frx"

1. 数据源为"学生"表 。
2. 选择"学生"表中"学号"、"姓名"、"性别"、"专业"、"入学成绩"、"照片"部分字段。
3. 数据不分组。
4. 报表样式为随意式。
5. 报表布局为单列纵向。
6. 按学号升序输出。
7. 报表标题为"学生信息"。

【操作步骤】

（1）选择"文件"|"新建"命令，在弹出的"新建"对话框中选中"报表"单选项，然后单击"向导"按钮，在弹出的"向导选取"对话框，如图 13-1 所示中，选择"报表向导"，单击"确定"按钮，进入"报表向导步骤 1"对话框，如图 13-2 所示。

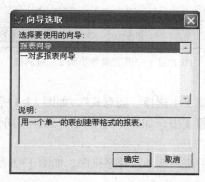

图 13-1　"向导选取"对话框

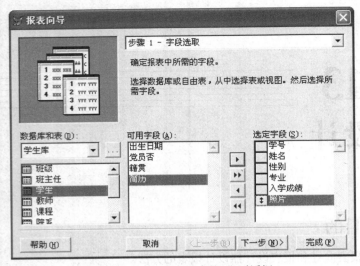

图 13-2　"报表向导步骤 1" 对话框

（2）字段选取：打开"学生"表，选择"学号"、"姓名"、"性别"、"专业"、"入学成绩"、"照片"等字段到"选定字段"列表框中，如图 13-2 所示，单击"下一步"按钮。

（3）分组记录：在步骤 2 中，如图 13-3 所示，不指定分组选项，单击"下一步"按钮。

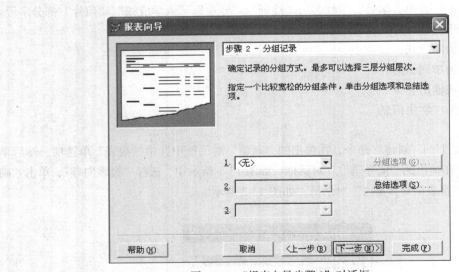

图 13-3　"报表向导步骤 2" 对话框

（4）选择报表样式：在步骤 3 中选择"随意式"，如图 13-4 所示，单击"下一步"按钮。

（5）定义报表布局：在步骤 4 中，如图 13-5 所示，选择方向为"纵向"、列数为 1 列的报表布局，单击"下一步"按钮。

（6）排序记录：在步骤 5 中按"学号"升序排序，如图 13-6 所示，单击"下一步"按钮，进入步骤 6。

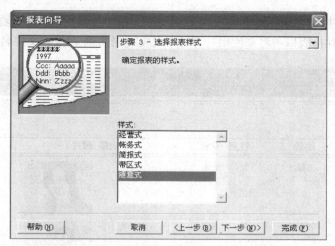

图 13-4　"报表向导步骤 3"对话框

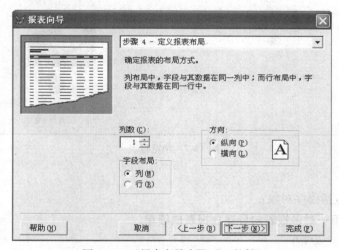

图 13-5　"报表向导步骤 4"对话框

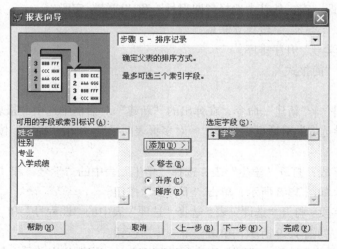

图 13-6　"报表向导步骤 5"对话框

（7）完成：在"报表标题"栏中输入"学生信息"，单击"预览"按钮查看报表的效果，如图13-7所示，选择"保存报表以备将来使用"，单击"完成"按钮，保存报表文件名为"学生名册.frx"。

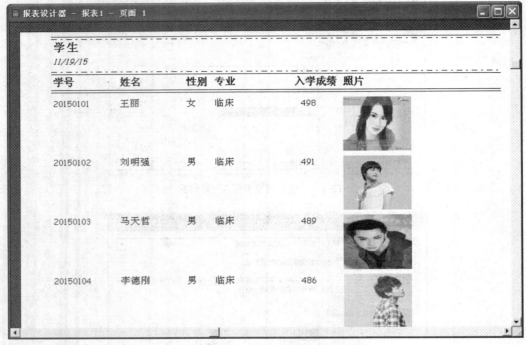

图 13-7　预览报表

【拓展与思考】

报表的数据源包括哪些对象？

实验 13.2　使用一对多报表向导建立报表成绩单

1. 报表标题为"成绩单"。
2. 父表为"学生"表，从其中选择"学号"和"姓名"字段。
3. 子表为"选课"表，从其中选择"课程号"和"成绩"字段。
4. 两个表通过"学号"字段建立联系。
5. 结果按照"学号"升序排序。
6. 报表样式为"简报式"。

【操作步骤】

（1）选择"文件"|"新建"命令，在弹出的"新建"对话框中选中"报表"，然后单击"向导"按钮，在"向导选取"对话框中选择"一对多报表向导"，单击"确定"按钮，进入"一对多报表向导"对话框。

（2）选择父表字段：打开"学生"表，选择"学生"表中的"学号"和"姓名"字段到"选定字段"列表框中，如图13-8所示，单击"下一步"按钮。

（3）选择子表字段：打开"选课"表，选择"选课"表中的"课程号"和"成绩"字段到"选定字段"列表框中，如图13-9所示，单击"下一步"按钮。

（4）关联表："学生"表和"选课"表之间通过"学号"字段建立关系，如图13-10所示，单击"下一步"按钮。

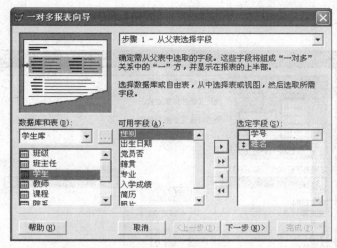

图 13-8　选择父表字段

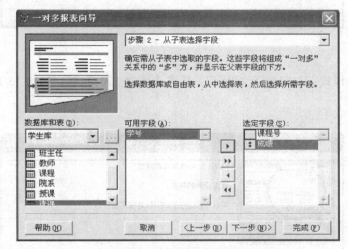

图 13-9　选择子表字段

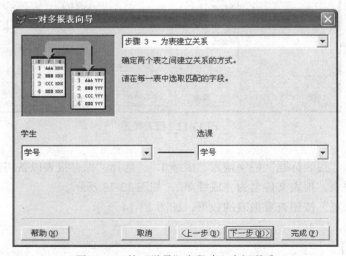

图 13-10　按"学号"字段建立表间联系

（5）排序记录：指定按"学号"升序排序，如图 13-11 所示，单击"下一步"按钮。

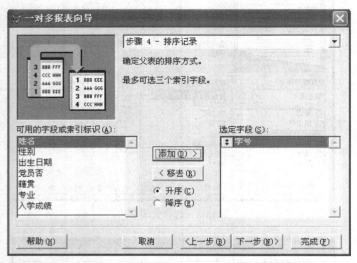

图 13-11 排序记录

（6）选择报表样式：方向选择"纵向"，样式选择为"简报式"，如图 13-12 所示，单击"下一步"按钮。

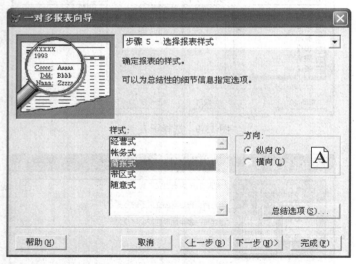

图 13-12 报表样式

（7）完成：在"报表标题"栏中输入"成绩单"，选择"保存报表以备将来使用"，单击"完成"按钮，保存报表，报表文件名为"成绩单"，如图 13-13 所示。

（8）单击"预览"按钮查看报表的效果，如图 13-14 所示。

（9）保存报表。

【拓展与思考】

用报表向导设计的报表可以在报表设计器中修改吗？

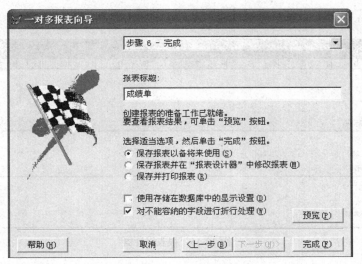

图 13-13 保存报表

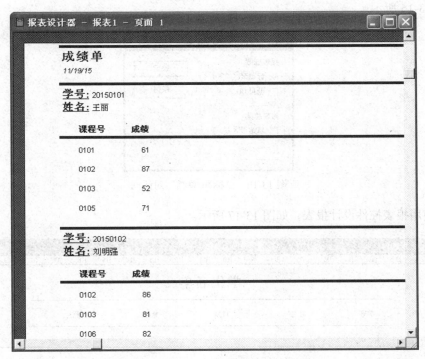

图 13-14 预览报表

实验 13.3 使用报表设计器创建"学生名册"报表

1. 报表标题为"学生名册"。
2. 按"专业"对学生分组。
3. 在页脚显示日期。
4. 使用报表控件格式化报表。

【操作步骤】

（1）选择"文件"|"新建"命令，在弹出的"新建"对话框中选择"报表"单选按钮，然后

单击"新建文件"按钮打开"报表设计器"窗口，如图 13-15 所示。

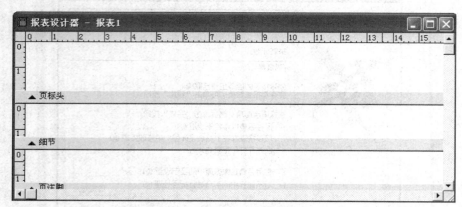

图 13-15　报表设计器

（2）选择"报表"|"标题/总结"命令，打开"标题/总结"对话框，选择"标题带区"复选框，如图 13-16 所示。

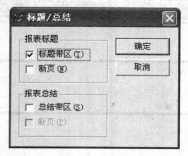

图 13-16　"标题/总结"对话框

（3）使用报表控件设计报表，如图 13-17 所示。

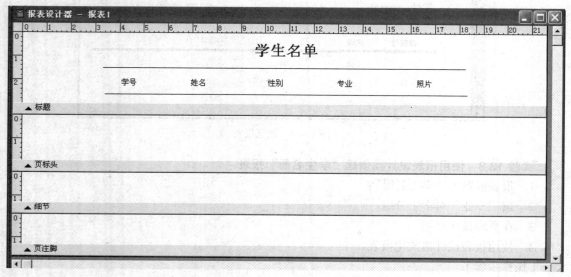

图 13-17　设计报表

（4）选择"显示"|"数据环境"命令，打开数据环境设计器，添加"学生"表，如图 13-18 所示。

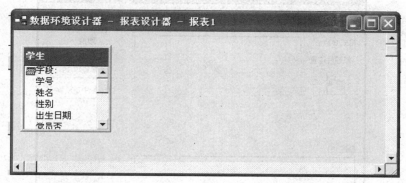

图 13-18 数据环境

（5）将数据环境中"学生"表里的相应字段拖曳到设计器的细节区中，如图 13-19 所示。

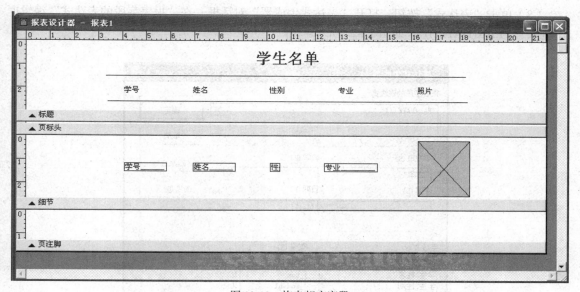

图 13-19 拖曳相应字段

（6）使用"域控件"添加日期。单击"域控件"，如图 13-20 所示。

图 13-20 域控件

（7）单击"页脚注"带区目标位置，弹出"报表表达式"对话框，如图 13-21 所示。

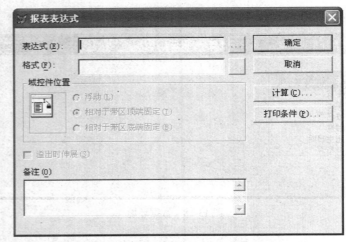

图 13-21　"报表表达式"对话框

（8）单击"表达式"按钮，打开"表达式生成器"对话框，在"报表字段的表达式"编辑框中输入"YEAR(DATE())"，如图 13-22 所示。

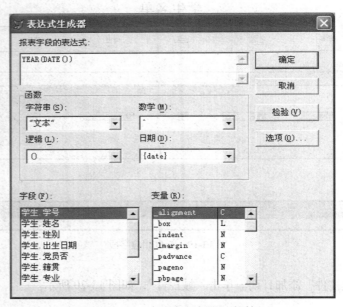

图 13-22　"表达式生成器"对话框

（9）单击"确定"按钮，使用"标签"控件添加文本"年"，如图 13-23 所示，用同样方法添加"月"和"日"。

（10）选择"报表"|"数据分组"命令，在表达式中选择"专业"字段进行分组，如图 13-24所示。

（11）选择"显示"|"数据环境"命令，打开"数据环境设计器"，如图 13-25 所示。

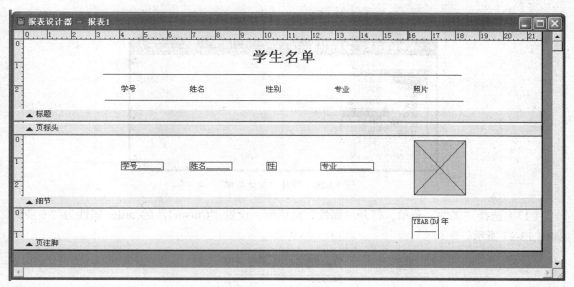

图 13-23 添加 "年"

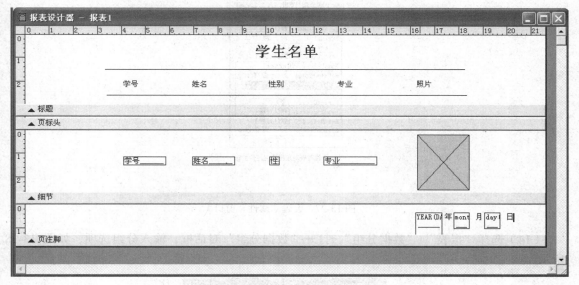

图 13-24 按 "专业" 分组

图 13-25 数据环境设计器

（12）右键单击"学生"表，打开快捷菜单，如图 13-26 所示。

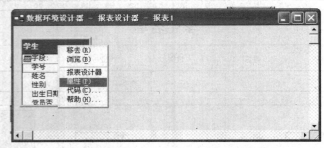

图 13-26　打开"快捷菜单"

（13）选择"属性"菜单，打开"属性"对话框，设置"Cursor1"的 order 属性为"专业"，如图 13-27 所示。

图 13-27　设置"属性"窗口

（14）选择"报表"|"数据分组"，打开"数据分组"对话框，输入分组选项，如图 13-28 所示。

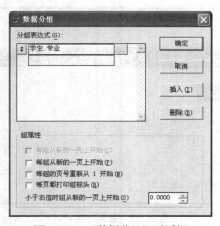

图 13-28　"数据分组"对话框

（15）将"学生"表中的"专业"字段拖曳到"组标头1专业"中，如图13-29所示。

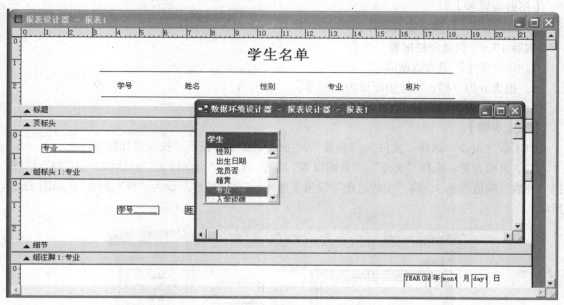

图13-29 字段分组

（16）预览报表，如图13-30所示。

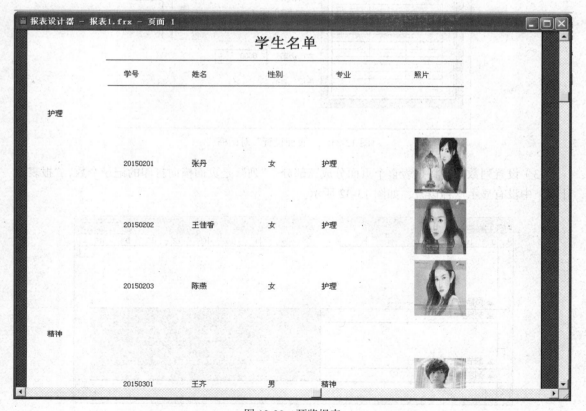

图13-30 预览报表

（17）保存报表。

【拓展与思考】

报表设计中，数据分组有何作用？

实验 13.4　创建分栏报表

1．以"学生"表为数据源。

2．报表分为三栏，左边边距设为 2 厘米。

3．显示字段包括学号、姓名、性别和专业。

【操作步骤】

（1）新建报表：选择"文件" | "新建" | "报表"命令，打开"报表设计器"。

（2）页面设置：选择"文件" | "页面设置"命令，打开"页面设置"对话框，在"列"区域，把"列数"的值改为 3，将"左边边距"设为 2 厘米，"打印顺序"设为"自左向右"，如图 13-31 所示。

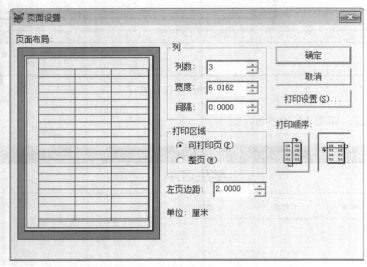

图 13-31　"页面设置"对话框

（3）设置列数后，将报表整个页面分成三部分。"列"是页面横向打印的记录个数，"报表设计器"中没有显示这种设置，如图 13-32 所示。

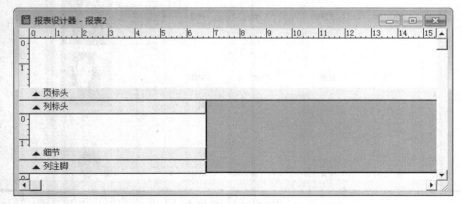

图 13-32　报表设计器

（4）设置数据源：选择"显示"|"数据环境"命令，打开"数据环境设计器"，添加"学生"表，如图 13-33 所示。

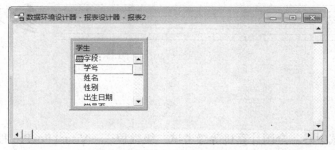

图 13-33　数据环境设计器

（5）添加控件：添加所需控件，如图 13-34 所示。

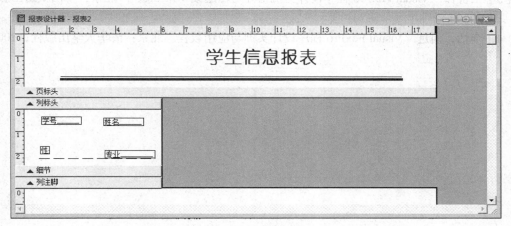

图 13-34　添加控件

（6）预览效果：单击常用工具栏上的"打印预览"，如图 13-35 所示。

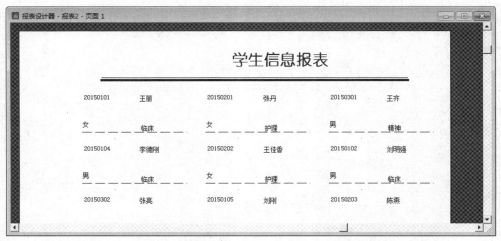

图 13-35　预览效果

参考文献

［1］教育部考试中心. 全国计算机等级考试二级教程——Visual FoxPro 程序设计. 北京：高等教育出版社，2001

［2］卢湘鸿. Visual FoxPro 程序设计基础（第 2 版）. 北京：清华大学出版社，2006

［3］王世伟. Visual FoxPro 程序设计上机指导与习题集（第二版）. 北京：中国铁道出版社，2009

［4］李恬，何进. Visual FoxPro 程序设计实训与应用教程. 北京：清华大学出版社，2009